GIFTPFLANZEN

Giftpflanzen

Text von F. Starý

Illustriert von Z. Berger

Werner Dausien · Hanau

Giftpflanzen
Text von Dr. František Starý
Deutsche Textbearbeitung von Wolfram Lobin
Ins Deutsche übertragen von Anna Urbanová
Illustrationen von Zdeněk Berger
Graphische Gestaltung von Eva Adamcová

VERLAG WERNER DAUSIEN · HANAU/MAIN
3/15/09/52-01
ISBN 3-7684-2315-8

Inhalt

Einleitung

„Alle Dinge sind Gift
und nichts ist ohne Gift.
Allein die Dosis macht,
daß ein Ding kein Gift ist.“

(Theophrastus Bombastus
Paracelsus von Hohenheim.
1493–1541)

An der Definition des Paracelsus muß nichts geändert werden, sie ist auch heute noch gültig. Gift ist ein relativer Begriff, weil jedes Gift in bestimmter Dosis auch als Arznei dienen und ein sogenannter unschädlicher Stoff giftig wirken kann. Die Definition gilt in der Toxikologie, jener verhältnismäßig jungen Wissenschaft, die sich mit den Giften und deren Wirkungen auf den menschlichen bzw. tierischen Organismus befaßt. Auch wenn sich Human- und Veterinärtoxikologie in Bezug auf das zu beobachtende Objekt unterscheiden, bleibt der untersuchte Gegenstand, der Giftstoff, gemeinsam. Beide Wissenschaftszweige ergänzen einander und die Erkenntnisse beider Fächer können durch Gegenüberstellung und Zusammenarbeit zur Ausarbeitung allgemeingültiger Schlüsse führen.

Folgende Definition für Giftstoffe hat heute in der Wissenschaft Gültigkeit: „Gift ist ein Stoff, der unter bestimmten Bedingungen und in bestimmter Menge und Form aufgrund seiner chemischen Beschaffenheit auf ein gewisses Organ bzw. auf mehrere Organe von Lebewesen so wirken kann, daß der Gesundheitszustand vorübergehend oder bleibend geschädigt wird, was auch den Tod herbeiführen kann.“ Dabei sind unter dem Begriff „Stoff“ organische oder anorganische, natürliche oder künstliche (synthetische) Verbindungen zu verstehen. Unter den Begriff Gift fallen somit nicht nur den Tod herbeiführende Substanzen, sondern auch solche, die vorübergehend Schädigungen hervorrufen können.

Mit Gift ist vom medizinischen Gesichtspunkt zumeist nur der Stoff gemeint, der, einmal auf beliebige Weise in nur geringer Menge (in Bruchteilen eines Gramms) in den Körper gelangt, in diesem nach der Aufnahme krankhafte Veränderungen hervorruft, die zur Zerstörung des Organismus führen können. Im juristischen Sinn ist Gift ein jeder Stoff, der die chemische Zusammensetzung und Funktion der lebenden Zelle als Grundeinheit des lebenden Organismus verändert. Aufgrund dieser juristischen Definition werden die gesetzlichen Vorschriften über Maßnahmen ausgearbeitet, die bei der Herstellung, Verteilung, beim Verkauf und beim Umgang mit Giftstoffen eingehalten werden müssen. So werden z. B. in der Apotheke, wo ein großer Teil der Medikamente auch zu den Giftstoffen gerechnet werden könnte, diese noch in sogenannte Separanda und Venena geteilt. Die

Separanda, verhältnismäßig schwache Gifte, werden in Gefäßen aufbewahrt, die mit roter Beschriftung auf weißem Grund versehen sind; es sind z. B. die Alkaloide Kodein, Koffein, Theobromin oder anorganische Schwermetallsalze wie Kupfersulfat, Zinksulfat u. a. Die Venena, die besonders starken Gifte, bewahrt man in Gefäßen mit weißer Schrift auf schwarzem Grund auf, sie werden überdies getrennt von den übrigen Arzneien in einem verschlossenen Schrank gehalten; hier sind z. B. die Alkaloide Hyoscyamin, Atropin, Scopolamin, Strychnin, oder unter den anorganischen Stoffen gewisse Quecksilberverbindungen (Sublimat), Arsenverbindungen, Zyanide u. ä. zu nennen. Zur Bezeichnung von Giften benutzt man das internationale Symbol des Schädels mit gekreuzten Knochen und der Aufschrift „GIFT". Das Kennzeichen für Gift wird auf verschiedene Weise graphisch dargestellt.

Die wissenschaftliche Terminologie der Pflanzensippen ist nach Zander, Handwörterbuch der Pflanzennamen, 11. Ausgabe, 1979 (Stuttgart, Eugen Ulmer) und nach F. Ehrendorfer, Liste der Gefäßpflanzen Mitteleuropas, 2., erweiterte Ausgabe, 1973 (Gustav Fischer Verlag, Stuttgart) geregelt. Die folgenden Einzelangaben beinhalten eine Auswahl von Angaben des gegenwärtigen (bis 1981 reichenden) internationalen botanischen, pharmazeutisch-chemischen und toxikologischen Schrifttums.

Gifte in der Natur

Gifte kommen in der Natur nicht nur in Pflanzen vor. Bekannt sind auch für den Menschen giftige Mineralien, deren Schwermetallgehalt ernste und gefährliche chronische Vergiftungen z. B. bei Bergleuten, Hüttenarbeitern u. ä. bewirkt; als Beispiele seien Blei, Zink, Quecksil-

ber, Wismut, Arsen, Phosphor und deren Verbindungen angeführt. Auch Halogene mit stark ätzender Wirkung (Chlor, Jod, Brom, Fluor) sind giftig und gesundheitsgefährdend. Ferner können gewisse, bei chemischen Reaktionen in der Natur entstehende Gase für lebende Organismen tödlich sein; genannt seien wenigstens Kohlenmonoxid, Kohlendioxid, Schwefelwasserstoff, Schwefelkohlenstoff und Zyanwasserstoff.

Auch im Tierreich gibt es nicht wenige Giftstoffe produzierende Arten, denen das Gift entweder zur Tötung des Beutetieres oder zum Schutz dient. Am bekanntesten sind die Schlangengifte. Von den etwa 1500 Schlangenarten sind ungefähr 900 giftig. Und giftig sind auch einige Fische und Amphibien, z. B. manche Molche und Frösche. Wenn wir weniger bedeutende und an Gift produzierenden Organismen arme Stämme wie die Hohltiere, Würmer, Weichtiere und Stachelhäuter übergehen, so dürfen wir einen großen und neun Zehntel der gesamten Fauna umfassenden Stamm nicht außer acht lassen, nämlich die Gliedertiere mit den giftigen Skorpionen, Tausendfüßlern, Spinnen und Insekten, unter denen viele giftige Arten von Käfern, Schmetterlingsraupen und Hautflüglern bekannt sind.

Der Anteil der Giftpflanzen an der gesamten Flora kann nur schätzungsweise angegeben werden. Man darf wohl sagen, daß etwa ein Drittel aller Pflanzenarten Giftstoffe produziert, die freilich nicht immer gefährlich sein müssen. Kleesäure (Oxalsäure) z. B. ist ein für den Menschen recht starkes Gift; 5 g sind bereits eine tödliche Dosis, 20 g bei den löslichen Salzen dieser Säure. Sehr viele Pflanzen enthalten Kleesäure in nicht geringen Mengen und werden trotzdem nicht als typische Giftpflanzen angesehen, so gewisse Arten der Gattungen *Rumex* L. (Sauerampfer) und *Chenopodium* L. (Gänsefuß). Bekanntlich aber kommt es bei Pferden, Schafen und Rindern nach dem Weiden auf vernachlässigten und an solchen Arten reichen Weideplätzen zu Vergiftungserscheinungen. Wohl niemand würde Obst und Beeren, z. B. Erdbeeren, Aprikosen oder Pfirsiche giftig nennen wollen. Und doch können sie, wenn in großen Mengen verzehrt, bei manchen Menschen und vor allem bei Kindern Allergien hervorrufen, die mit Ausschlag und Verdauungsbeschwerden einhergehen, als Wirkung der in Obst und Beeren enthaltenen organischen Säuren und aromatischen Stoffe. Auch Gewürze wird man allgemein nicht als giftig bezeichnen; dennoch können sie bei Überdosierung zu Unwohlsein führen. Nicht alle Gewürze werden von allen gleich gut vertragen, es gibt da erhebliche Unterschiede. Bekannt sind Nierenschädigungen infolge übermäßigen Genusses von Wurzelpetersilie, Sellerie und Liebstöckel. Vergiftungserscheinungen konnten nach dem Genuß von übermäßig mit Paprika und Pfeffer gewürzten Gerichten festgestellt werden. Gefährlich sind schließlich unverhältnismäßig große Beigaben von so beliebten Gewürzen wie Chili, Curry, Ingwer, Kardamon und anderen Ingredienzen. Das eingangs angeführte Motto behält daher auch hier seine Gültigkeit.

Giftige Pflanzen müssen nicht in allen ihren Teilen giftig sein. Die Eiben *(Taxus baccata)* haben z. B. einen ungiftigen, fleischigen Samenmantel, der Samen darin ist jedoch ziemlich giftig. Die Vögel vertragen die Eibenfrüchte samt den Samen ohne Schaden. Ohne Wirkung wandern die Samen durch ihren Verdauungstrakt und werden dann mit dem Kot verbreitet. Vögeln schaden auch die Früchte des Seidelbastes *(Daphne mezereum)* nicht.

Der Kartoffel-Blattkäfer ist imstande, sich auf der Tollkirsche *(Atropa bella-donna)* zu vermehren. Seine Larven ernähren sich von den Blättern, die stark giftige Tropan-Alkaloide enthalten. Diese Alkaloide lassen sich in den Larven sogar analytisch feststellen. Doch das beeinträchtigt die Larve in ihrer Entwicklung nicht, und in klimatisch günstigen Jahren bringt es der Blattkäfer auf der Tollkirsche zu drei Generationen.

Die in Assam gezüchteten Seidenspinnerraupen *(Attacus ricini)* ernähren sich ausschließlich von den Blättern des *Ricinus communis,* in denen das giftige Alkaloid Ricinin zu finden ist.

Bekanntlich besuchen Bienen auch Giftpflanzen. Obwohl deren Giftstoffe oft auch in den Blüten enthalten sind, wirken sie auf die Bienen nicht. Doch kann der danach gewonnene Honig für Menschen giftig sein, wie z. B. Honig von Oleander *(Nerium oleander),* Rhododendron *(Rhododendron ferrugineum),* Sumpfporst *(Ledum palustre)* und anderen.

Ziegen können an Tollkirschen weiden, ohne zu Schaden zu kommen, zumindest solange es sich um geringere Mengen handelt; auch ihr Fleisch ist unmittelbar danach giftig.

Bei Tieren mit weißem Fell, z. B. Ziegen, zeigt sich nach dem Genuß bestimmter Pflanzenarten und darauffolgendem Aufenthalt in der Sonne eine Photo-Sensitivierung (übermäßige Lichtempfindlichkeit), die sich in Entzündungen ungeschützter Stellen ihres Fells äußert, z. B. um die Ohren, Augen, auf dem Maul u. ä. Diese Lichtempfindlichkeit wird von gewissen Pflanzen wie Johanniskraut *(Hypericum),* Buchweizen *(Fagopyrum)* u. a. hervorgerufen. Beim Menschen werden ähnliche, zuweilen sehr gefährliche und schmerzhafte Erscheinungen von gewissen Pflanzen bewirkt, die Furokumarine enthalten, wie gewisse Arten der Familie der Doldenblütler *(Umbelliferae* oder *Apiaceae);* für den Menschen am gefährlichsten scheint dabei die Knorpelmöhre *(Ammi majus)* zu sein. Die meisten Tiere sind für Furokumarine nicht empfindlich. Die Pyrethrine in einer Margerite

(Chrysanthemum cinerariaefolium) sind für alle Insekten schon bei bloßer Berührung stark giftig, während sie für den Menschen und warmblütige Lebewesen ungefährlich sind. Sie werden daher in der Insektenbekämpfung auf Äckern, in Lagerhäusern und im Haushalt als Insektizide erfolgreich angewendet. Von der Bedeutung dieser Stoffe zeigt auch die Tatsache, daß der wissenschaftliche UNESCO-Preis 1978 für die Synthese von Pyrethroiden erteilt wurde. Diese Pyrethroide sollen die für die Natur und den Menschen gleichermaßen gefährlichsten Insektizide ersetzen, die auf der Basis von Chlorverbindungen (DDT) und Organophosphaten (Parathion u. a.) hergestellt werden.

Die Geschichte der Gifte und deren Mißbrauch

Giftstoffe können auf die verschiedensten Weisen mißbraucht werden. Oft wurden sie im Mittelalter für Morde benutzt, aber auch um Halluzinationen, verbunden mit religiösen Schwärmereien, hervorzurufen. Heute werden verschiedene Gifte als Rauschgifte benutzt, Millionen von Menschen sind rauschgiftsüchtig. In der Antike und im Mittelalter wurden Gifte von zahlreichen Herrschern und reichen, um die Macht kämpfenden Bürgern benutzt. Aber auch einfache Menschen bedienten sich der Giftstoffe, aber darüber wurde nicht viel geschrieben und so weiß man nichts darüber. Der griechische Arzt und Dichter Nikandros von Kolophon hat aus dem 2. Jh. v. u. Z. Lehrgedichte über Gegengifte hinterlassen, so die „Theriaka", in der Gegengifte gegen Schlangenbisse behandelt werden, und die „Alexipharmaka" mit Anweisungen bei anderen Vergiftungen. Daraus darf geschlossen werden, daß Gifte ebenso wie Arzneien von altersher bekannte Begriffe gewesen sein müssen. Die Frage ist nur, was zuerst benutzt wurde, man kann sich der Gefühle nicht erwehren, daß es die Gifte waren. Zu den Herrschern, die sich ihrer Gegner mittels Gift entledigten, gehörte z. B. der spartanische Flottenbefehlshaber Klearchos (um 400 v. u. Z.), der Tyrann Dionysios I. von Syrakus (406—367 v. u. Z.), und viele andere. Kaiser Nero (37—68 u. Z.) ließ den Sohn des Kaisers Claudius Britannicus vergiften, Giftmorden fielen die römischen Kaiser Vespasian (9—79 u. Z.), sein Sohn Titus (38—81 u. Z.) und dessen Bruder Domitian (51—96 u. Z.) zum Opfer. Ein weiterer Kaiser, Commodus, starb im Jahre 192 an Gift, das ihm seine mit den Verschwörern verbündete Geliebte gereicht hatte.

Das sind nur wenige Beispiele der zahlreichen antiken Giftmorde. Damals konnte ein Todesurteil auch die Form des erzwungenen Selbstmordes annehmen, wie es u. a. das Beispiel des griechischen

Giftringe

Philosophen Sokrates (469—399 v. u. Z.) belegt, der bekanntlich den Schierlingsbecher *(Conium maculatum)* leeren mußte. Es war auch Mode, Giftsammlungen zu besitzen, eine der berühmtesten war die des römischen Kaisers Caracalla (Regierungszeit 211—217 u. Z.).

Die Mächtigen dieser Erde ließen ihre Gegner vergiften und befanden sich dabei nicht selten in der gleichen Gefahr. Darum umgaben sie sich mit Vorkostern, die alle Gerichte und Getränke kosten mußten, damit so ein etwaiger Giftmordversuch erkannt werden konnte. Benutzt wurden schnellwirkende Gifte, und die pflanzliche Komponente spielte unter ihnen eine wichtige Rolle.

Das vierzehnte bis sechzehnte Jahrhundert war in Europa das wahre Paradies professioneller Giftmischer und Giftmischerinnen. Besonders in Italien und Frankreich gehörte dies Handwerk zu den anrüchigen, aber einträglichen Berufen. In der Geschichte der italienischen Giftmischer finden sich sogar ganze Familien, die diese „Kunst" beherrschten: so die Visconti della Scala, die Baglioni und die Borgia. Katharina von Medici gilt als eine der größten Giftmischerinnen aller Zeiten: komplizierte politische Probleme löste sie schnell durch Gift im Becher unbequemer Konkurrenten.

Wenn man in Frankreich jemanden zur Rechenschaft ziehen wollte, kreuzte man mit ihm entweder gekonnt die Klingen oder griff zum Gift. Wiederum waren es Frauen, die sich als Giftmischerinnen hervortaten, angefangen mit der Marquise von Montespan über Jean Stanulin, Chausée genannt, bis zur Berufsgiftmischerin La Voisin, die für kein geringes Entgeld Adelige ihrer unbequem gewordenen Maitressen entledigte: sie lebte in der Regierungszeit Ludwigs XIV.

Ein übliches Handwerkszeug der Giftmischer und -innen jener dunklen Epoche waren Giftringe. Die damalige Mode, die den vielfältigsten Schmuck verlangte, erleichterte ihr unauffälliges Tragen. Giftringe wurden so hergestellt, daß unter einem kameen-, edelstein- oder emailgeschmückten Deckel ein künstlicher Raum freigelassen wurde, der das Gift aufnahm. Im gegebenen Augenblick war es dann nicht schwer, das Gift direkt in einen Becher Wein zu schütten oder es zu verschlucken – je nach Vorhaben des Ringträgers, entweder eine umbequeme Person zu vergiften oder selbst aus Angst vor Strafe oder Folter Hand an sich zu legen. Gifte wurden oft in prächtig geschmückten und künstlerisch sehr wertvollen Kästchen aufbewahrt. Frauen verwendeten Parfümflakons ähnliche Zierfläschchen.

Bekannt sind auch Giftbehälter in Halsketten. In neueren Zeiten wurden die sogenannten Giftzähne benutzt, Zähne, in denen sich eine Glas-Mikroampulle mit Gift in einer Öffnung befindet, die von der abnehmbaren Goldkrone verdeckt ist, oder spezielle Zahnprothesen mit einer Einrichtung zum Freimachen des Giftes.

Ein völlig selbständiges Kapitel bilden jene Fälle von Giftanwendung, bei denen nicht getötet, sondern durch entsprechende Dosierung ein Betäubungszustand erreicht werden soll. Als Mittel um Informationen, die man auf normalem Wege nicht erhalten kann, zu gewinnen, benutzte man z. B. Scopolamin. Eine derart erzwungene Information muß aber nicht ganz der Wahrheit entsprechen, denn der Betroffene spricht im Scopolaminrausch auch über geheime Wün-

Giftbehälter

sche, die er aber nicht ausgeführt haben muß. So kann er sich zu Morden bekennen, die er nie verübt hat. Mit geringen Mengen von Scopolamin oder in Wein beigemengtem Kokain sollte auch sexuelle Nachgiebigkeit erzwungen werden.

Im Mittelalter wurden Giftpflanzen der Familie der Nachtschattengewächse *(Solanaceae),* z. B. die Tollkirsche *(Atropa bella-donna),* das schwarze Bilsenkraut *(Hyoscyamus niger),* die „Tollrübe" *(Scopolia carniolica)* benutzt, um Halluzinationen hervorzurufen und eine Flucht in die „Geisterwelt", insbesondere ins Teufelsreich zu ermöglichen. Die häufigsten Teilnehmerinnen derartiger Orgien waren Frauen, die die Extrakte der genannten Pflanzen in Form konzentrierter Salben zumeist auf die Schleimhaut der Genitalien schmierten; die enthaltenen Tropan-Alkaloide, vor allem Scopolamin, bewirkten getreue und farbige Vorstellungen erotischer Orgien, gemischt mit Teufels- und Heiligengestalten. Es kam zu Bewegungshalluzinationen, wie dem Flug auf dem Besen; die Flüge zum Hexensabbat fanden oft gruppenweise statt. Die mittelalterliche und frühneuzeitliche Inquisition verurteilte diese vermeintlichen Hexen zum Feuertod. Dabei handelte es sich um einen der heutigen Benutzung von Rauschgiften ähnlichen Gebrauch, der von den Betroffenen benutzt wurde, um ihrer armseligen Wirklichkeit zu entfliehen.

In unserer heutigen Überflußgesellschaft spielen Drogen und Rauschgifte eine große Rolle, besonders bei jungen Menschen. Sie benutzen derartige Gifte in der Hoffnung, angenehme Gefühle (Halluzinationen) zu erhalten, die ihnen eine Flucht aus ihrem Alltag ermöglichten. Die ständige Benutzung auch sogenannter weicher Drogen, besonders wenn diese von skrupellosen Rauschgifthändlern mit sogenannten harten, süchtig machenden Rauschgiften versetzt werden, gewöhnt den Körper zuerst an diese Mittel, um dann eine Abhängigkeit herbeizuführen. Diese Rauschgiftsucht ist ein großes soziales Problem. Die anfänglich benutzten schwachen Dosen müssen immer weiter gesteigert werden, um bei dem Benutzer das erwartete Gefühl hervorzurufen. Der menschliche Körper ist also in der Lage, diese Gifte in gewissem Umfang zu absorbieren. Oftmals wird dann irgendwann die tödliche Dosis erreicht. Die auf der Welt meist verbreitete Sucht ist neben Alkohol und Zigaretten der Gebrauch von Morphium. Diese Sucht ist gebunden an den Morphinbestandteil von Opium-Alkaloiden (*Papaver somniferum,* Schlafmohn) oder an halbsynthetische Morphinderivate. Opium selbst wird nur selten in Form von Tinkturen oder Pillen genossen. In der Regel wird es zu Raucheropium aufbereitet, wobei vielfach geformte und verzierte Holz-, Bambus- oder Glaswasserpfeifen gebraucht werden.

Weit verbreitet ist auch das Haschischrauchen *(Cannabis sativa).*

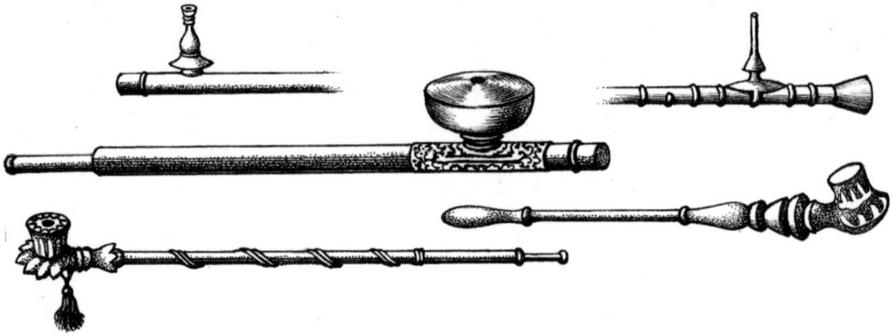

Opiumpfeife

Es gehört zu den ernsten und gesellschaftsgefährdenden Erscheinungen unserer Zeit.

Zu den in den arabischen Staaten sehr verbreiteten Süchten gehört das Kauen der Blätter junger Zweige des Strauches Kath, *(Catha edulis)* aus der Familie der *Celastraceae.* Das Kath-Kauen schädigt allmählich den Verdauungstrakt und führt zu Geschwüren innerer Organe und zum Gesamtverfall des Organismus.

Die Kokainsucht, die meistverbreitete Toxikomanie der Neuen Welt, ist die Gewohnheit, die Blätter der Koka *(Erythroxylum coca)* zu kauen.

Auch der Genuß von Peyotl *(Lophophora williamsii)* ist eine starke Rauschgiftsucht der Neuen Welt, dazu kommt noch eine ganze Gruppe der Drogen Mexikos, Mittel- und Südamerikas.

Riesige Ausmaße hat das Gebiet, wo der Betel aus der Betelnuß (s. *Piper betle*) gekaut wird; die Anzahl von regelmäßigen Betelkauern beträgt etwa 200 Millionen.

Das Tabakrauchen *(Nicotiana tabacum),* Kaffee- und Teetrinken und eigentlich auch der Kakaogenuß werden hierher nicht mehr gezählt, obwohl das Rauchen eine echte Rauschgiftsucht bleibt.

Die jüngste Zeit hat modernen Drogen neue Antriebe gegeben. Die Synthese des Diäthylamids der Lysergsäure (LSD) ist zu einem gefährlichen Halluzinogen mit Süchtigkeitsfolgen geworden; es ist ein Derivat der Lysergsäure, das Hauptbestandteil der Biosynthese von Mutterkorn-Alkaloiden, die im Mutterkorn *(Claviceps purpurea),* einem Pilzparasiten an Gräsern, besonders am Roggen, enthalten

Verschiedene Behälter für Koka-Blätter

sind. Ähnliche Wirkungen haben auch weitere Pilz-Alkaloide wie Psilocybin und Psilocin.

Nützliche Pflanzengifte

Fraglos haben Pflanzengiftstoffe auch ihre positive Bedeutung. In erster Linie fügen sie den sie produzierenden Pflanzen keinen Schaden zu, sondern üben in ihnen ohne Zweifel eine biologische Funktion aus. Diese Produkte des Metabolismus sind keine nutzlos abgelegten chemischen Verbindungen, sondern viele von ihnen kehren in die Stoffwechselreaktionen zurück und beeinflussen sie in positivem Sinn. Und auch wenn sie keine für das Leben der Pflanze direkt unentbehrlichen Stoffe vorstellen, müssen sie für die Pflanze nicht ohne Nutzen sein. Überdies üben sie ein gewisses Wächteramt aus gegen natürliche Feinde und Schädlinge der Pflanze und schützen sie vor grasenden Tieren.

Von größtem Nutzen für den Menschen sind die Pflanzengifte in der Heilkunde, die sie als Arzneimittel bei den verschiedensten Krankheitsursachen und -folgen anwendet. Für die Benutzung von Pflanzengiften in der Therapie hat in der zweiten Hälfte des 18. Jh. der berühmte Wiener Arzt Störck sehr viel getan. Darum ist auch sein Name zur Artbezeichnung eines Eisenhuts geworden, der *Aconitum stoerckianum* heißt. Daß es dem Menschen gelang, den hohen ethischen Wert stark wirkender Pflanzenstoffe durch falschen Zweckgebrauch in Verruf zu bringen, ist weder die Schuld der Giftstoffe noch die ihrer Mutterpflanzen.

Eingeborene Völker haben die Wirkungen von Pflanzengiften von jeher gekannt und erlernt, sie zur Jagd und zur Tötung von Feinden zu gebrauchen. Giftgetränkte Pfeil- und Speerspitzen dienten und dienen noch heute sowohl bei der Jagd als auch im Kampf und Krieg. Durch den Abschuß einer Giftpatrone mit hypnotischer Eigenschaft können auch große Tiere eingeschläfert werden, mit denen sonst jeder Umgang in Reservationen und Zoos sehr schwierig wäre.

Pflanzengifte, wie z. B. das der Meerzwiebel *(Urginea maritima)*, sind bei der Bekämpfung von sich unverhältnismäßig schnell vermehrenden Nagetieren, wie den Ratten und Wanderratten, von großer Bedeutung. Es ist eine Tatsache, daß diese ungemein klugen und gut organisierten Tiere etwa ein Drittel der menschlichen Nahrungsmittel wegfressen. Eine Regulierung dieser Schädlinge ist somit berechtigt und notwendig, und Pflanzengifte mit selektiven Eigenschaften sind dafür äußerst geeignet, da sie dem Menschen nicht schaden.

Manche pflanzlichen Giftstoffe sind für die Weiterentwicklung der biologischen Wissenschaften fraglos von Bedeutung, da sie behilflich sind, biologische Prozesse im lebenden Organismus zu verfolgen und diese zu beeinflussen. Als Beispiel sei das Colchicin-Alkaloid genannt, das in der Herbstzeitlose *(Colchicum autumnale)* zu finden ist. Für den Menschen ist es eines der stärksten Gifte, nicht aber für Pflanzen. Mit Hilfe von Colchicin kann man wirkungsvoll in den genetischen Kern einer Versuchspflanze eingreifen und so Polyploidie, Vervielfachung des Chromosomensatzes, erzeugen; es kommt zur Entstehung neuer, polyploider Pflanzen von größtenteils gigantischen Ausmaßen und mit neuen wirtschaftlichen Eigenschaften, wodurch sich auch das Veredlungspotential vieler Nutzpflanzen, z. B. von Futterpflanzen, Getreide, Gemüse u. a. erweitert. Der Beginn des Colchicin-Gebrauchs für genetische Zwecke fällt in die vierziger Jahre unseres Jahrhunderts und ist mit den Namen der Genetiker A. P. Dustin, A. F. Blakeslee und A. G. Avery verknüpft.

Schließlich darf man die Tatsache nicht außer acht lassen, daß das giftige Alkaloid Koffein äußerst belebende Wirkungen hat und den entscheidenden Bestandteil allgemein beliebter Getränke bildet; enthalten ist es im Kaffee *(Coffea arabica, Rubiaceae)*, im Tee *(Camellia sinensis, Theaceae)*, in den Kola-Samen *(Cola acuminata, Sterculiaceae)* und den Mate-Blättern *(Ilex paraguariensis, Aquifoliaceae)*. Auch das in Kakao und Schokolade enthaltene Alkaloid Theobromin *(Theobroma cacao, Sterculiaceae)* besitzt besondere erfrischende und stärkende Eigenschaften.

Vergiftungen durch Pflanzen

Unbeabsichtigte Pflanzenvergiftungen entstehen zumeist aus Unkenntnis der Wirkung der in den Pflanzen enthaltenen giftigen Verbindungen. Die Hauptgefahr entsteht hier für die Kinder, doch auch Erwachsene haben in der Regel keine Vorstellung von der Gefahr der Giftpflanzen. Diese Ursache von Vergiftungen kann nur durch Aufklärungsarbeit gemindert werden. Schon vom Vorschulalter an müssen Kinder, besonders auf dem Land, aber auch in der Stadt, da hier Giftpflanzen wie der Goldregen *(Laburnum anagyroides)* in Parks und Gärten angepflanzt werden, mit den wichtigsten Giftpflanzen vertraut gemacht werden. Eine zweite, weniger wichtige Ursache unabsichtlicher Vergiftungen entsteht durch eigene Behandlung. Oftmals werden bei Beschwerden bestimmte Pflanzen angewandt, von denen man gehört hat, daß sie eine gute Wirkung haben sollen. Auf welche Weise und in welcher Dosis man die Pflanze anzuwenden hat, weiß der Benutzer aber oftmals nicht genau.

Eine dritte Ursache unabsichtlicher Vergiftungen ist die Unterschätzung der Wirkung bestimmter Heilpflanzen bzw. der aus ihnen hergestellten Arzneimittel, die dem Patienten samt der Gebrauchsanweisung vom Arzt übergeben wurden. Die Geduld der Kranken, mit der sie auf ihre Genesung warten, ist oft nicht ausreichend, vielfach erhöht der Patient auf eigene Faust die Arzneimitteldosis, um die Genesung zu beschleunigen. Dabei kann es zu lebensgefährlichen medikamentösen Vergiftungen kommen.

Früher kam noch eine weitere Vergiftungsursache hinzu, nämlich die, wenn die Mischung oder die Dosis vom behandelnden Arzt oder Apotheker falsch angesetzt, bzw. berechnet wurde. Da aber bei uns immer weniger Arzneien in der Apotheke zusammengestellt und gemischt werden, spielt diese Ursache keine Rolle mehr.

Pflanzengiftstoffe

Die Giftstoffe, die in Pflanzen enthalten sind, lassen sich erstens nach ihrem chemischen Charakter und zweitens nach ihrer Wirkung einteilen. An erster Stelle stehen zwei große Gruppen von chemisch genau bekannten Wirkstoffen, nämlich die Alkaloide und Glykoside. Beide Verbindungen sind auch in den meisten der hier besprochenen Giftpflanzen enthalten.

Die Alkaloide bilden eine relativ zahlreiche, uneinheitliche Gruppe von natürlichen Wirkstoffen, die unserer heutigen Kenntnis nach etwa in 4000 Pflanzenarten verschiedener Gattungen und Familien vorkommen. Manche Pflanzenfamilien (z. B. die *Apocynaceae, Asclepiadaceae, Berberidaceae, Loganiaceae, Papaveraceae, Ranunculaceae, Rubiaceae* und *Solanaceae*) haben zahlreiche Arten, die Alkaloide enthalten. Es gibt auch Familien, in denen solche Arten gänzlich fehlen, Rosengewächse *(Rosaceae)* und Lippenblütler *(Lamiaceae)*. Alkaloide kommen auch als Stoffwechselprodukte bei einigen niederen Pflanzen vor. Die Alkaloide sind stickstoffhaltige Naturstoffe und zeichnen sich durch basische Reaktion und in der Regel deutliche physiologische Wirkungen auf den Organismus von Lebewesen aus. In Pflanzen sind sie in der Regel als Salze organischer Säuren gebunden, nur selten treten sie frei auf. In reinem Zustand sind es größtenteils feste Kristallstoffe, die farblos und geruchlos sind und bitter schmecken. Die Benennung der Alkaloide ist zumeist von den lateinischen Namen der Pflanzenarten abgeleitet, aus denen sie isoliert wurden. Eine Pflanze enthält zumeist nicht nur ein einziges Alkaloid, öfter tritt in ihr eine ganze strukturverwandte Gruppe auf. In der Regel befinden sie sich in sämtlichen Pflanzenteilen, aber nicht in der gleichen Menge. Reich an Alkaloiden sind vor allem Wurzeln, Rinde, Blätter und Samen. Der Gehalt bewegt sich von Bruchteilen bis zu mehreren Prozenten und ist von der jeweiligen Entwicklungsstufe der Pflanze abhängig. Am größten scheint er kurz vor und zu Beginn der Blütezeit zu sein. Der Alkaloidgehalt — das gilt allgemein auch von anderen enthaltenen Wirkstoffen — wird von den Boden- und Klimaverhältnissen beeinflußt und kann auch durch Züchtung, d. h. durch Eingriff in die genetischen Verhältnisse der Pflanze erhöht werden. Man kennt mehr als 3000 verschiedene Alkaloide. Das erste und zwar das grundlegende Opiumalkaloid Morphin wurde 1805 von Friedrich Wilhelm Adam Sertürner (1783—1841) isoliert.

Die Glykoside sind relativ komplizierte chemische Pflanzenstoffe und bestehen aus einem zuckerhaltigen (Glukose, Rhamnose, Galaktose u. a.) und einem zuckerfreien Bestandteil (Aglykon). Durch Hydrolyse spalten sich die Glykoside, zumeist unter Einwirkung spezifischer Enzyme, in die genannten beide Bestandteile. Glykoside sind in der Regel physiologisch sehr wirksam und für alle Lebewesen giftig. Sie sind ein spezielles pflanzliches Stoffwechselprodukt, ihre Menge ist in den einzelnen Pflanzenorganen verschieden und schwankt im Verhältnis zum Alter der Organe. Glykoside stellen wahrscheinlich den Energievorrat der Pflanzen dar, die je nach Bedarf die Glykoside spalten und den freigemachten Zucker nutzen können. Vom toxikologischen Gesichtspunkt sind die herzwirksamen Glykoside von Bedeutung, da sie bei der Behandlung von Herzkrankheiten nicht ersetzt werden können. Doch sind sie auch die häufigste Ursache medikamentöser Vergiftungen als Folge falscher Dosierungen. Auch die Anthracen-Glykoside haben eine große Bedeutung. Sie sind Grundstoffe für Abführmittel und verdauungsregelnde Heilmittel. Senf-Glykoside mit organisch gebundenem Schwefel im Molekül sind in der Toxikologie insofern wichtige Wirkstoffe, als sie örtliche Reizungen hervorrufen.

Auch Saponine sind Pflanzenstoffe von Glykosid-Charakter. Bezeichnend ist ihre Eigenschaft, im Wasser schaumige Kolloidlösungen zu bilden und bei direktem Kontakt mit Blut dessen Zersetzung zu bewirken. Manche Pflanzen sind durch ihre Saponine stark giftig, so z. B. die Einbeere *(Paris quadrifolia)* und die Kornrade *(Agrostemma githago)*.

Eine Gruppe chemischer Verbindungen sind die ätherischen Pflanzenöle. Sie sind ebenfalls organische Verbindungen, hierher gehören vor allem die Terpene und Sesquiterpene. Sie sind von öliger Konsistenz, in Wasser praktisch unlöslich, an der Luft leicht verharzend und in der Regel von angenehmem Duft. Sie sind in speziellen Pflanzengeweben enthalten oder füllen die Drüsenhaare und Papillen an oberflächlichen Pflanzengeweben. Die Bedeutung der ätherischen Öle für die Pflanze ist nicht ganz geklärt. Sie scheinen neben der physikalisch-chemischen Aufgabe — als Schutz vor Austrocknung — auch eine biologische zu erfüllen, sie dienen entweder als Lockmittel für Bestäuber oder als Abschreckung gegen weidende Tiere. Die ätherischen Öle sammeln sich vor allem in den Blüten und Früchten. Auch Blätter und Rinde sind reich an ihnen. In manchen Fällen ist der Maximalgehalt an ätherischen Ölen in den Wurzelstöcken und Wurzeln zu suchen. Neben ihren für den Menschen nützlichen Eigenschaften, die auf ihrer Desinfektionswirkung, ihrem günstigen Einfluß auf die Verdauungs- und Ausscheidungsorgane, ihrer heilsamen Wirkung bei Erkrankungen der oberen Atemwege u. a. in therapeutischen Dosen beruhen, lassen sich auch gewisse toxische Eigenschaften erkennen. Viele ätherische Öle reizen die Schleimhaut und Haut, sie verursachen Entzündungen z. B. des Verdauungstraktes, der Nieren und Harnwege.

Außer den genannten Hauptgruppen von toxikologisch wichtigen Wirkstoffen befinden sich auch andere giftige Produkte in den einzelnen Pflanzenorganen (andere pflanzliche Metaboliten), allerdings in wesentlich geringerer Anzahl. Dies soll nicht heißen, daß sie vom toxikologischen Gesichtspunkt aus weniger gefährlich sind. Es soll nur auf Peptide und Proteine hingewiesen werden, die außerordentlich giftig sein können, wie z. B. das Ricin *(Ricinus communis)* und das Crotin *(Croton tiglium)*.

Was macht eine Pflanze giftig

Bei der Untersuchung ein- und derselben Giftpflanzenart stellt sich heraus, daß ihre Giftigkeit und somit die Gefährlichkeit für Mensch und Tier in der Tat sehr variabel ist. Die unterschiedlich hohe Konzentration der Giftstoffe in ihren Teilen ist von verschiedenen Faktoren abhängig. So vom Alter der Pflanze, von ihren jeweiligen Organen, von den Boden- und Klimaverhältnissen ihres Standortes, vom Tagesrhythmus ihrer Stoffwechselprozesse und schließlich auch von ihrem individuellen genetisch-physiologischen Charakter. Einige Beispiele sollen dies veranschaulichen.

Das Alter der Pflanze und der Wirkstoffgehalt in den einzelnen Organen sind besonders bei ein- und zweijährigen Arten von entscheidender Bedeutung. Bei mehrjährigen Arten treten diese Faktoren größtenteils in den Hintergrund. Stechapfelsamen *(Datura stramonium)* enthalten umgerechnet auf Trockenmasse 0,3 bis 0,5% Alkaloide. In den aus diesen Samen keimenden und den jungen Pflanzen ist der Alkaloidgehalt jedoch etwa zehnmal kleiner. Erst bei den knospenden Pflanzen beginnt sich der Alkaloidgehalt wieder zu erhöhen und nimmt vor allem in den Blättern zu, so daß er in der Blütezeit die Werte von 0,5 bis 0,7% erreicht. Ein derartiger Gehalt läßt sich auch in den grünen assimilierenden Kapselfrüchten feststellen, während die grünen Samen nur Spuren von Alkaloiden enthalten. Während des Reifens der Kapsel und der Samen kehrt sich dieses Verhältnis um. Die trockenen geplatzten Kapselfrüchte sind bereits sehr arm an Alkaloiden, doch die ausgereiften Samen erreichen wieder Tropan-Alkaloidwerte von 0,3 bis 0,5%. Das Kraut der mehrjährigen Tollkirsche *(Atropa bella-donna)* enthält im Frühjahr nach dem Knospenaufbruch nur etwa 0,3% L-Hyoscyamin, auch wenn in den Wurzeln, aus denen es treibt, bis 1,5% dieses Alkaloids gefunden werden kann. Erst die älteren Blätter enthalten zur Blütezeit 0,5 bis 1% L-Hyoscyamin, Früchte und Samen höchstens 0,8%.

Auch der Glykosidgehalt im Fingerhut *(Digitalis purpurea)* steigt fortschreitend mit dem Alter der Pflanze, und das sowohl im ersten Vegetationsjahr, wenn nur die Blattrosette ausgebildet wird als auch im zweiten Jahr zur Blütezeit. Der Glykosidgehalt ist jeweils im Frühjahr am niedrigsten. Als Ursache hierfür wird der geringe Energievorrat angenommen, zu dem ja auch die glykosidisch gebundenen Verbindungen gehören. Im Laufe der Vegetationsperiode kommt es zwischen den einzelnen Glykosiden sogar zu Verschiebungen. Als Beispiel sei der Wollige Fingerhut *(Digitalis lanata)* angeführt, der vom Beginn der Vegetationszeit bis in den Sommer vorwiegend Lanatosid A enthält. Der Gehalt an anderen Lanatosiden, z. B. Lanatosid C, ist niedriger. Die Werte für Lanatosid C sind dann im Herbst höher als die für Lanatosid A. Während die Fingerhutblätter im ersten Jahr einen Gehalt sämtlicher Glykoside von etwa 0,3% erreichen, beträgt der Glykosidgehalt in den neuen Blättern derselben Einzelpflanze, die auf der blütentragenden Achse im zweiten Vegetationsjahr ausgebildet werden, kaum die Hälfte.

Klima- und Bodenverhältnisse üben auf die toxikologisch wichtigen Wirkstoffe einen beträchtlichen Einfluß aus. Ein heißer und trockener Sommer bewirkt ein Ansteigen des Gehalts an Alkaloiden, Glykosiden und ätherischen Ölen. Ein feuchter und kühler Sommer senkt den Gehalt. Dies wurde u. a. in einem Vergleich von Morphinerträgen aus Mohnköpfen *(Papaver somniferum)* verschiedener Jahre ermittelt. Die Morphinerträge in demselben Anbaugebiet unterschieden sich um 30 %. Auch Versuche mit dem Anbau bestimmter subtropischer Kulturpflanzen in gemäßigten Zonen erwiesen, daß eine derartige plötzliche Umsiedlung der betreffenden Art nach Norden auch einen Niedergang der Ausbildung von bestimmten Metaboliten mit sich bringt. So hatten als Kübelpflanzen in Mitteleuropa gezogene Oleanderbäume *(Nerium oleander)* nur den halben Gehalt an dem giftigen Glykosid Folinerin im Vergleich zu den mediterranen.

Ferner übt der Nährstoffgehalt des Bodens, auf dem die Giftpflanzen wachsen, zweifellos seinen Einfluß auf den Gehalt an giftigen Metaboliten aus. Auf stickstoffreichen Böden ist der Alkaloidgehalt in der Regel höher als auf stickstoffarmen. Auch die jeweilige Zusammensetzung der Pflanzengesellschaften beeinflußt Wachstum und Mengen der Pflanzenwirkstoffe in positivem bzw. negativem Sinn. Bekannt ist z. B. die sogenannte Allelopathie, bei der eine Pflanzenart toxische Stoffe in den Boden ausscheidet und damit das Wachstum einer anderen Art in der Nachbarschaft behindert.

Der Einfluß des Tagesrhythmus des Stoffwechsels auf den Metabolitengehalt ist bei Pflanzen hinreichend bewiesen und bezieht sich selbstverständlich auch auf die Giftstoffe. In den meisten Fällen ist für die Nacht, die eine gewisse Stoffwechselverlangsamung bedeutet, auch ein Minimalgehalt an Alkaloiden, Glykosiden und ätherischen Ölen charakteristisch. Am deutlichsten äußert sich die tägliche Schwankung in Gehalt und Zusammensetzung der ätherischen Öle. Bei Tagesanbruch beginnen die photosynthetischen Prozesse — die Pflanze schöpft aus ihren Energiereserven — und die Menge an ätherischen Ölen nimmt ab. Von 10 bis 16 Uhr nimmt der Gehalt an Alkaloiden, Glykosiden und Ölen zu. Dieser tägliche Rhythmus gilt für den Gehalt an den genannten Wirkstoffen in den Blättern und Blüten, weniger jedoch für die übrigen Organe (Wurzeln, Früchte und

Samen), dafür ist der Einfluß des Tagesrhythmus relativ unbedeutend.

Die Giftstoffmenge, die eine Pflanze erzeugen kann, hängt von ihrer genetisch konstanten Eigenschaft ab. Es gibt Pflanzen, die an Giftstoffen, z. B. Alkaloiden, sehr reich sind, und andere derselben Art und aus derselben Population, die weniger von diesen Stoffen enthalten. Wir haben es hier mit der natürlichen Variabilität innerhalb einer Art zu tun, wie sie sich graphisch auf einfache Weise mit der Gaußschen Kurve erklären läßt. Ihr zufolge bewegt sich die größte Anzahl von Individuen um mittlere, durchschnittliche Werte. Nur wenige Einzelpflanzen enthalten wesentlich weniger bzw. wesentlich mehr Alkaloide. Dieselben Gesetzmäßigkeiten sind auch für die übrigen Giftstoffe gültig. Diese Tatsache ist auch den Pflanzenzüchtern wohlbekannt: Durch ständige Auswahl, die gegebenenfalls mit anderen Züchtungsverfahren wie Kreuzung, Polyploidie u. a. verknüpft sein kann, lassen sich Sorten veredeln, die Minimal- bzw. Maximalmengen der gewünschten Wirkstoffe enthalten. Das bezieht sich z. B. auf die für Mensch und Tier gefährlichen Giftstoffe. So schränken beispielsweise die giftigen Alkaloide der Lupine *(Lupinus polyphyllus)* ihre Verfütterung dieser an sich nährstoffreichen Pflanze ein; durch wiederholte Auswahl ist es gelungen, eine giftfreie Sorte — die Süßlupine — zu züchten, die sich sehr gut als Viehfutter eignet. Oder umgekehrt: Der durchschnittliche Gehalt an herzwirksamen Glykosiden im Wolligen Fingerhut *(Digitalis lanata)* bewegt sich um 0,15 % Lanatosid C. Durch Auswahl glykosidreicher Individuen aus einer Durchschnittspopulation wurden Pflanzen mit einem über 0,5 % liegenden Lanatosidgehalt gezüchtet. Durch deren Kreuzung gewann man eine Nachkommenschaft mit 0,3%-igem Durchschnittsgehalt, dieser ist doppelt so hoch wie bei der Originalpopulation. Durch ständige weitere Auswahl und Kreuzung erreicht man heute bei Einzelpflanzen einen Gehalt von rund 1%, und nach der Kreuzung dieser Individuen ganze Populationen mit einem über 0,5% liegenden Lanatosid C-Gehalt. In beiden angeführten Fällen handelte es sich um erfolgreiche genetische Beeinflussung.

Erste Hilfe bei Pflanzenvergiftungen

Eine wirksame Hilfe bei Pflanzenvergiftungen kann nur der Arzt bringen. In besonders schweren Vergiftungsfällen müssen komplizierte Eingriffe, wie Magenspülungen durch eine Magensonde, vorgenommen werden. Auch eine Katheterisierung des Patienten bei nachgewiesener Harnverhaltung wird der Arzt vornehmen müssen. Man sollte bis zur Ankunft eines Arztes dem Patienten auch keinerlei Medikamente verabreichen.

Da ein Arzt nicht immer sofort zur Stelle sein kann, und auch eine rasche Überführung in ein Krankenhaus nicht immer möglich sein wird, müssen bei schwerwiegenden Vergiftungen die ersten Maßnahmen oft von Laien getroffen werden. Leider wird es nur in Ausnahmefällen möglich sein herauszubekommen, welche Pflanze die Vergiftung verursacht hat. Nur wenige Personen sind heute noch in der Lage, allgemein Pflanzen und so auch Giftpflanzen richtig zu bestimmen. Und selbst wenn man die Art kennt, mit der der Patient in Berührung kam, hilft einem das oft nicht viel weiter. Ein spezielles Buch über Giftpflanzen ist oft nicht zur Hand, und so weiß man nicht, was für ein Gift diese Pflanze nun tatsächlich enthält, wie es wirkt, wie lange es zur Resorption braucht und wie die Vergiftungssymptome aussehen. Besonders bei Kindern ist es meist unmöglich festzustellen, von welcher Pflanze eine mögliche Vergiftung stammt, denn Kinder geben aus Angst und Aufregung meist unrichtig Bescheid.

Folgende Grundsätze der Ersten Hilfe sind bei Pflanzenvergiftungen unbedingt zu beachten:

1. Ruhe, keine Störung durch überflüssige Fragen und Emotionen.
2. Sofern der Betroffene sich nicht selbst übergibt, bemühen wir uns, durch Reizung des Zäpfchens, entweder mit dem Finger oder z. B. mit einer Vogelfeder, dies zu beschleunigen. Wenn auch dies nicht hilft, geben wir dem Patienten lauwarmes Wasser mit Fettzusatz (Öl, Butter, Schweinefett) zu trinken und wiederholen den Brechreizversuch. Wichtig ist, daß das genossene Gift unbedingt so schnell und so gründlich wie möglich aus dem Magen entfernt wird.
3. Da das Gift bereits weiter in den Verdauungstrakt gelangt sein kann, und der Patient keinen Durchfall als Folge der Giftwirkung bekommt, geben wir ihm ein Abführmittel. Hier eignet sich am besten ein Löffel Rizinusöl; ist es nicht zur Hand, dann genügen zwei Löffel Speiseöl.
4. Ferner ist die Verabreichung solcher Mittel wichtig, die absorptionsfähig sind, d. h. das Gift im Körper in sich aufnehmen können. Zu diesen gehört etwa Tierkohle in einer Menge bis zu 100 g, die, aufgelöst in Wasser, vom Betroffenen zu trinken ist. Tierkohle ist völlig giftfrei, so daß auch größere Mengen nicht schaden. Etwa nach 30 Minuten geben wir dem Betroffenen, wenn er keinen Durchfall hat, ein Abführmittel, da das durch die Tierkohle aufgenommene Gift nach einer gewissen Zeit wieder frei wird.

5. Bei Verdacht auf Alkaloidvergiftung reichen wir dem Betroffenen einen starken schwarzen Tee. Die Gerbstoffe im Tee bewirken, daß sich die Alkaloide in unlöslicher Form niederschlagen, so daß deren Giftigkeit beträchtlich sinkt.
6. In jeder Hausapotheke, besonders auf dem Land, sollte ein Universalgegengift vorhanden sein. Dieses besteht aus einem Teil Tannin, einem Teil Magnesium (Magnesiumsäure) und zwei Teilen Tierkohle. Das Tannin bewirkt die Niederschlagung der Alkaloide, das Magnesium neutralisiert den Mageninhalt und die Tierkohle absorbiert die im Magen verbliebenen Giftstoffe. Das Gegengift wird mit Wasser zu einer trinkbaren Lösung vermischt oder, was besser ist, als Brei in einer Gabe von 5 Teelöffeln geschluckt. Nach einer Weile muß Erbrechen hervorgerufen werden.
7. Magen- und Bauchschmerzen bei Vergiftungen lindert man durch heiße Umschläge.
8. Gegen Herzschwäche hilft starker Kaffee. Aber auch hier muß Vorsicht walten! Bei Harnverhaltung ohne eine Katheterisierung könnte es zur Überfüllung der Harnblase und Krämpfen kommen.
9. Bei Atemstillstand muß mit künstlicher Atmung begonnen werden.
10. Durch Seitenlage schützen wir den Betroffenen beim Sichübergeben vor dem Einatmen des Erbrochenen und somit vor der Gefahr des Erstickens.
11. Bei äußerer Hautbeschädigung durch Pflanzengifte, die blasenbildende Hautausschläge hervorrufen, müssen wir ein Zerkratzen der juckenden Stelle verhindern. Diese Stellen werden mit warmem Wasser und Seife gewaschen, grundsätzlich soll keine Salbe aufgelegt werden, sondern ein Umschlag aus einer Lösung von Blei-Azetat in 70% Alkohol.
12. Nicht vergessen sollte man, daß gewisse Pflanzenvergiftungen erst nach längerer Zeit, etwa nach mehreren Stunden aktiv werden. Besteht etwa ein Verdacht, z. B. auf eine Vergiftung mit Herbstzeitlose oder Rizinus, muß man versuchen, den Magen des Patienten schnell zu entleeren.

Was man bei Erste-Hilfe-Leistungen unbedingt beachten muß:

1. Keinen Alkohol „zur Stärkung" reichen! Alkohol unterstützt die Giftaufnahme in den Körper.
2. Ungewöhnliche Erregungszustände des Patienten nur mit leichten Beruhigungsmitteln lindern.
3. Den müden Patienten nicht einschlafen lassen! Am besten durch starken Kaffee oder Tee wachhalten.

Erläuterung der Symbole

Es wurde eine Spalte „Gefährlichkeit“ aufgenommen. Hier wird nicht nur die Giftigkeit berücksichtigt, sondern auch die Wahrscheinlichkeit einer Vergiftung. So können gefährlich giftige Arten als X = giftig eingestuft werden, auch wenn kaum jemals Vergiftungen vorkommen. Es bedeuten im Einzelnen:

☠	=	tödlich giftig und sehr gefährlich (zahlreiche Vergiftungsfälle bekannt)
†	=	stark giftig, nur in Ausnahmefällen mit tödlichem Ausgang (zahlreiche Vergiftungsfälle bekannt)
X	=	giftig
(X)	=	schwach giftig und ungefährlich

Verzeichnis einiger Fachausdrücke

Alkaloid-Basen — reine, in der Regel in Wasser nichtlösliche Alkaloide

Analgetika — schmerzlindernde Arzneimittel

Anamnese — Krankenvorgeschichte

Anthelmintika — Wurmabtreibende Mittel

Derivantia — Hautreizmittel zur Beeinflussung entzündlicher Vorgänge, schmerzlindernd und teilweise heilend

Droge — natürlicher tierischer oder pflanzlicher Rohstoff (in der Heilkunde oder Technik verwendet)

Endemismus — begrenztes geographisches Vorkommen von Tier- oder Pflanzenarten

Furokumarine (auch Furano-) — freie Kumarinderivate, enthalten vor allem in manchen Arten der Dolden- und Rautengewächse. Sie erhöhen die Hautempfindlichkeit für ultraviolette Strahlen und können Erreger von Hautkrankheiten sein.

Galenika — in der Apotheke aus Drogen zubereitete Arzneimittel (Tinkturen, Extrakte, Kräutertees, Salben) im Gegensatz zu chemischen Erzeugnissen

Heterophyllie — das Auftreten verschieden gestalteter Laubblätter bei einem Pflanzenindividuum

Homöopathie — ein von Dr. Samuel Hahnemann (1755—1843) begründetes Heilverfahren nach dem Grundsatz „Ähnliches wird durch Ähnliches geheilt“. Das heißt, daß Krankheiten mit stark verdünnten Arzneimitteln behandelt werden, die unverdünnt bei Gesunden Symptome der behandelten Krankheit hervorrufen würden. Dieses Heilverfahren steht im Gegensatz zur heutigen

Schulmedizin, der Allopathie, die „gegensätzliche" Mittel gebraucht

homöopathische Mittel — Arzneimittel, in denen der zu Grunde liegende Heilstoff vielfach verdünnt ist, meist zehnfach (1:10) oder hundertfach (1:100).

karzinogen — krebserregend

Kollaps — plötzlicher Schwächeanfall durch das Versagen des Kreislaufs oder eines lebenswichtigen Organs

Koma — tiefste, durch keine äußeren Reize zu unterbrechende Bewußtlosigkeit

Metabolismus — Stoffwechsel

Nekrose — Gewebstod, Absterben von Organen

Parasympatikus — der dem Sympatikus entgegengesetzt wirkende Teil des vegetativen Nervensystems

Pelorie — strahlige Blüte bei einer Pflanze, die normalerweise nur zweiseitig-symmetrische Blüten trägt (z. B. Roter Fingerhut)

Perianth — Blütenhülle der Blütenpflanzen (setzt sich aus verschieden aussehendem Kelch und Blütenblättern zusammen)

Perigon — Blütenhülle aus gleichartig gefärbten und geformten Blättern

photosensibel — lichtempfindlich

Phytotherapie — Pflanzenheilkunde

Polyploidie — Vervielfachung des Chromosomensatzes

Ruderalpflanze — Pflanze, die auf stickstoffreichen Schutt- und Abfallplätzen gedeiht

Sklerenchym — Festigungsgewebe ausgewachsener Pflanzenteile, bestehend aus abgestorbenen Zellen, zu den mechanischen Geweben gehörend

subletal — unter der tödlichen Grenze liegend

Sukkulente — Pflanzen trockener Gebiete mit besonderen Wassergeweben in Wurzeln, Blättern oder Sproß (z. B. Kakteen)

Tachykardie — stark beschleunigte Herztätigkeit

Therapeutik — Lehre von der Behandlung der Krankheiten

Tracheotomie — chirurgischer Luftröhrenschnitt (bei Erstickungsgefahr)

zirkumpolare Verbreitung — Verbreitung auf der nördlichen Halbkugel in der kalten und gemäßigten, nicht in der warmen Zone

Zytologie — Zellenlehre

Zytostatika — die Kernteilung und Zellvermehrung hemmende chemische Stoffe. Im allgemeinen Sprachgebrauch Arzneimittel gegen bösartige Geschwürwucherungen

Zytotoxin — Zellgift

Bildteil

Paternostererbse
Abrus precatorius L.

Schmetterlingsblütengewächse
Fabaceae

Die Gattung *Abrus* umfaßt 4 auf der ganzen Welt verbreitete Arten, die Paternostererbse *(A. precatorius)* (Abb. 1) ist in den Tropen zu finden. Der Strauch hat windende, bis 5 m lange behaarte Zweige. Die Blätter sind paarig gefiedert und 8—15 zählig. Der Mittelnerv der Blätter endet in einer Stachelspitze. Die einhäusige Pflanze hat rot, rosa, selten weiß gefärbte Blüten, die in dichten achselständigen Trauben stehen. Die Hülsenfrucht (Abb. 4) ist länglich, flach zusammengedrückt und öffnet sich mit zwei Klappen. Die Scheidewand zwischen den Samenkörnern ist nur angedeutet (Abb. 2). Die Samenkörner sind 6—7 mm lang, scharlachrot und haben am Nabel einen schwarzen Fleck (Abb. 3). Diese Art wird wegen ihrer auffallend gefärbten Samen kultiviert, die ein Protein, das Phytotoxin Abrin enthalten, das zu den giftigsten Pflanzenstoffen gehört. Schon ein einziges Samenkorn — es muß allerdings vor dem Schlucken gründlich zerkaut worden sein — kann beim Menschen eine tödliche Vergiftung bewirken. Rinder und Ziegen sind widerstandsfähiger, doch können 60—120 g Samen auch ein Pferd töten. Eine Vergiftung hat folgenden Verlauf: Zuerst machen sich Magenschmerzen bemerkbar, es tritt Brechreiz auf, der Patient fällt in ein Koma, der Blutkreislauf kann zusammenbrechen, so daß der Patient stirbt. In der Medizin untersuchte man die Wirkung von Abrin auf tierische Krebszellen, jedoch mit Rücksicht auf die ungeheuer starke Giftigkeit des Abrins wird es bei der Krebsbekämpfung nicht eingesetzt. In einigen tropischen Ländern benutzt man die unreifen Samen für Giftmorde, indem man sie zu spitzen Nadeln umformt, mit denen dann das Opfer gestochen wird. Da das Gift so direkt in den Blutkreislauf gelangt, wirkt es meistens tödlich. Die ostafrikanische Art *A. schimperi* wird von den Einheimischen als Gegengift bei Skorpionbiß benutzt. Die Samen werden mancherorts zur Herstellung von Schmuckgegenständen benutzt. So z. B. stellt man Halsbänder, Ketten und auch Rosenkränze aus ihnen her.

2

Wirksame Substanz: Abrin
Giftige Teile: Samen
Heilwirkung: –
Herkunft: fast alle tropischen Länder
Gefährlichkeit:

3
1
4

Blauer Eisenhut, Echter Sturmhut — Hahnenfußgewächse
Aconitum napellus L. — *Ranunculaceae*

Die Anzahl der *Aconitum*-Arten wird auf 280—300 geschätzt. Alle wachsen in den Gebirgsgegenden der nördlichen Halbkugel. Sie fallen durch ihre schön gefärbten und interessant geformten Blüten auf. Viele Arten werden als Zierpflanzen benutzt. Die bei uns bekannteste Art ist der Blaue Eisenhut oder Echte Sturmhut *(A. napellus)* (Abb. 1). Er blüht von Juli bis September. Seine Blüten (Abb. 2) sind auffallend und stehen in gipfelständigen Trauben. Der Helm wird vom Kelch gebildet. Die schwarzen Samenkörner haben scharfe oder geflügelte Kanten, sie befinden sich zu 10 bis 15 in drei Kapseln (Abb. 3). Typisch sind die knollig verdickten unterirdischen Organe. Die häufigsten Farben bei den Eisenhutblüten sind blaue und gelbe Töne. Eine andere europäische Art, der Wolfs- oder Gelbe Eisenhut *(A. vulparia)* hat gelbe Blüten (Abb. 4). Die Eisenhutarten enthalten in allen Organen, besonders aber in den Knollen giftige Alkaloide, hauptsächlich Aconitin. Diese Substanz kann in einer Menge bis 3 % auftreten. Aconitin gehört zu den starken Pflanzengiften, die für den Menschen tödliche Dosis beträgt 3—8 mg. Da die Knollen, die am giftigsten sind, tief in der Erde stecken, sind tödliche Vergiftungen selten. Das Vieh geht diesen Pflanzen aus dem Weg, so daß auch hier selten Vergiftungen vorkommen, obwohl gerade Pferde auf dieses Gift empfindlich reagieren. Eine Vergiftung macht sich auf folgende Art bemerkbar: Es beginnt mit einem kribbelnden Gefühl um den Mund, später im ganzen Gesicht, es treten Schüttelfrost und Schweißausbrüche auf, es kommt zum Erbrechen, der Patient zeigt Ermattungserscheinungen und hat Angstgefühle. Der Tod tritt bei vollem Bewußtsein durch Atemstockung und Herzschädigung ein, allerdings kann selbst bei schweren Vergiftungen eine Erholung eintreten. Wegen des starken Giftgehalts wird aus Knollen isoliertes Aconitin in der Medizin nur beschränkt und zwar als schmerzstillendes Mittel bei einer Reihe rheumatischer Erkrankungen benutzt.

4

Wirksame Substanz:
Aconitine (Diterpenalkaloide)
Giftige Teile: alle Organe
Heilwirkung: schmerzstillendes Mittel bei Rheuma
Herkunft: Europa
Gefährlichkeit: ☠

2
1
3

Christophskraut Hahnenfußgewächse
Actaea spicata L. *Ranunculaceae*

Die zehn Arten der Gattung *Actaea* sind auf der nördlichen Halbkugel verbreitet. Bei uns kommt das Christophskraut *(A. spicata)* (Abb. 1) vor. Es ist in den nördlichen Regionen Europas in Buchen- und Mischwäldern der Mittelgebirge und Gebirge und in den arktischen und gemäßigten Zonen Asiens zu finden. Im Süden von Europa wächst es nur im Gebirge.
Es wird bis 70 cm hoch und hat einen starken, knotigen, schwarzbraunen Wurzelstock. Die Pflanze riecht unangenehm und wird daher vom Vieh gemieden. Die Blätter sind dreizählig, doppelt gefiedert. Auf ihnen entfalten sich zu Beginn des Sommers die zweihäusigen, in Trauben stehenden Blüten. Die Kelchblätter fallen bald ab, die Kronblätter sind weiß gefärbt, zahlreiche Staubblätter stehen in den Blüten und der Fruchtknoten ist birnenförmig (Abb. 2). Die mehrsamigen Beeren (Abb. 3) sind glänzend schwarz gefärbt. Bei einigen Gartenformen sind die Früchte auch rot oder weiß gefärbt. Die *Actaea*-Arten sind morphologisch und der Verbreitung nach sehr ähnlich den Arten der Gattung *Cimicifuga* ebenfalls aus der Familie der Hahnenfußgewächse, die auch giftig sind und ähnliche Vergiftungserscheinungen hervorrufen. Ihre Giftigkeit beruht auf einer chemisch wenig bekannten Substanz (Protoanemonin?). Äußerlich bewirkt das Gift Hautentzündungen und Blasenbildung, nach Genuß der Früchte treten Brechreiz, Durchfall sowie Entzündungen der Verdauungsorgane auf, ebenfalls können Betäubungszustände oder Delirium auftreten. Die amerikanischen Arten *A. alba* und *A. rubra,* die in den Wäldern des östlichen Nordamerikas häufig vorkommen, bewirken nach dem Genuß von 6 der erbsengroßen Beeren („baneberries") schmerzhafte Koliken und Herzschwäche. Vergiftungen sind in der Regel nicht tödlich, doch fordern sie eine lange Genesungszeit. In der Heilkunde benutzte man früher eine Essenz der Wurzeln zur Linderung von rheumatischen Schmerzen der Hand- und Fußgelenke. Eine Wirkung bei Magenkrebs ist umstritten.

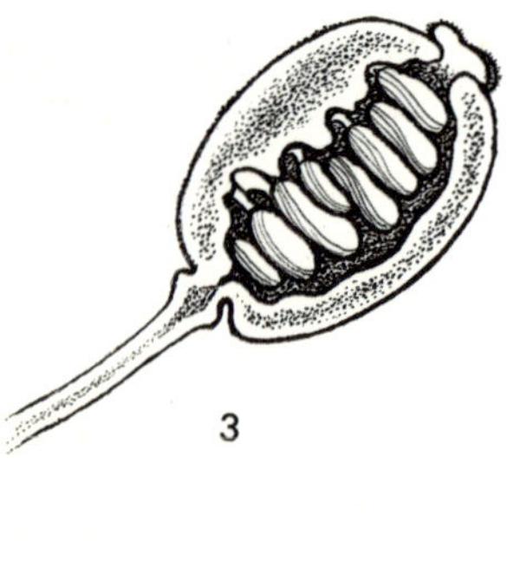

3

Wirksame Substanz:
Protoanemonin
Giftige Teile: Beeren und Samen
Heilwirkung: früher bei Rheuma
Herkunft: Europa bis Sibirien
Gefährlichkeit: †

1
2

Adonisröschen, Teufelsauge Hahnenfußgewächse
Adonis annua L. *Ranunculaceae*

Die einjährigen Arten der Gattung *Adonis* wachsen in Europa und Asien als Unkräuter in Getreide- und Futterpflanzenfeldern. Sie stammen meistens aus Vorderasien, sind bei uns aber weit verbreitet. Es sind sehr schlanke, etwa 50 cm hohe Pflanzen, die in den Sommermonaten blühen. Ihre feinen Blätter sind fiederteilig. Die Blüten des Adonisröschens (Abb. 1) sind rot gefärbt und haben einen dunklen Fleck an der Basis. Die Farbe geht von Ziegelrot über Mennigrot bis in Karminrot über. Das Sommer-Adonisröschen *(A. aestivalis)* hat eine mennigrote Blüte (Abb. 2). Ausnahmsweise kommt auch eine zitronengelb blühende Form vor (forma *citrina*). Die Früchte sind sehr charakteristisch geformt (Abb. 3). Das Adonisröschen sowie die einjährigen Arten *A. aestivalis* und A. *flammea* enthalten giftige Glykoside (Adonitoxin), die sich durch spezifische Wirkung auf den Herzmuskel auswirken. Da diese Substanzen bei diesen Arten nur in ganz geringen Mengen auftreten, sind Vergiftungen beim Menschen sehr selten. Als Tee wurde *A. annua* früher gegen Wassersucht benutzt. Bei Überdosierung konnte es zu Erstickungserscheinungen, Muskelschlaffheit, Durstgefühl und einer Allgemeinschwäche kommen. Tödliche Vergiftungen sind nicht bekannt. Futtermittel wie Klee oder Luzerne mit größerem Unkrautanteil von Sommer-Adonisröschen können bei Kälbern und Lämmern Vergiftungserscheinungen hervorrufen. Sie verlaufen aber meistens problemlos.

3

2

Wirksame Substanz:
Adonitoxin (Glycosid)
Giftige Teile: oberirdische Organe
Heilwirkung: gegen Wassersucht
Herkunft: Südeuropa, Vorderasien
Gefährlichkeit: **(X)**

1

Frühlings-Adonisröschen
Adonis vernalis L.

Hahnenfußgewächse
Ranunculaceae

Die ausdauernden Adonisröschen wachsen in Asien und Europa, das bekannteste ist das Frühlings-Adonisröschen *(A. vernalis)* (Abb. 1). Als typische Frühlingsblume schmückt diese Art besonders Steppen auf Kalkböden. Seine Heimat ist das europäische Steppengebiet, vor allem aber der asiatische Teil der UdSSR. Wegen seiner schönen goldgelben Blüten wird diese Pflanze auch in Gärten angepflanzt. Das Frühlings-Adonisröschen ist ein ausdauerndes Kraut, das im Frühling (April bis Mai) blüht. Die blätter- und blütentragenden, am Grund schuppigen Stengel werden 20—30 cm hoch. Die Blätter sind zwei- bis dreifach fiederteilig. Die Blüten sind recht groß (8 cm im Durchmesser). Die Früchte sind schnabelig (Abb. 2), sie springen noch vor dem vollen Reifezustand auf. Einige weitere Arten werden gerne in Steingärten gehalten, so z. B. *A. amurensis* (Abb. 3) aus dem Fernen Osten und *A. wolgensis.* Das Frühlings-Adonisröschen sowie weitere mehrjährige Arten enthalten zahlreiche giftige Glykoside, z. B. Adonitoxin, Adonitoxol und k-Strophantidin. Diese wirken besonders auf den Herzmuskel, belebend bei geringer Dosierung, schädigend bei Überdosierung. Sie können ernste, oft nicht mehr heilbare Herzschäden hervorrufen. Vergiftungen durch die Pflanze sind beim Menschen nicht bekannt. Auch Vergiftungen von Rindern treten nicht oft auf, da die Tiere auf der Weide die beißend schmeckenden, bitteren Adonisblätter meiden. Trotzdem sind bei Jungtieren Fälle von Vergiftungen bekannt; sie äußern sich in kolikaartigem Durchfall und schließlichem Stillstand der Herztätigkeit.

3

Wirksame Substanz:
Adonitoxin und weitere Herzglykoside
Giftige Teile: oberirdische Organe
Heilwirkung: bei Herzkrankheiten
Herkunft: Südost-Europa, Westsibirien
Gefährlichkeit: X

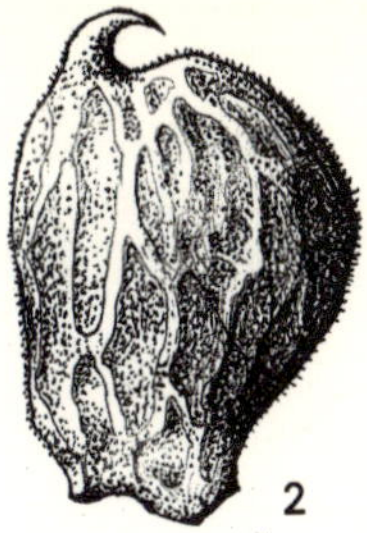

2

1

Hundspetersilie, Gleiße
Aethusa cynapium L.

Doldenblütengewächse
· *Apiaceae*

Die Gattung *Aethusa* hat nur eine einzige Art, die Hundspetersilie *(A. cynapium)* (Abb. 1), die in Europa und Sibirien verbreitet ist. Nach Algerien und Nordamerika wurde die Pflanze eingeschleppt. Sie ist als Unkraut auf intensiv bebauten Böden, in Gärten und Parkanlagen weit verbreitet. Die 1—2jährigen Pflanzen werden über 1 m hoch. Ihr Stengel ist kantig, hohl und leicht violett gefärbt, die Blüten stehen zahlreich in Dolden, sie sind weiß gefärbt. Die Pflanzen blühen von Juni bis Oktober. Die Spaltfrüchte (Abb. 2a), fast kugelige Teilfrüchte, haben an der Oberseite fünf Rippen. Auf der Unterseite sind sie flach. Die dunkleren Stellen zwischen den Rippen zeigen die Lage der Ölkanälchen (Abb. 2b). Junge Hundspetersilienblätter sind leicht mit denen der Echten Petersilie zu verwechseln (Abb. 3), besonders, wo erstere als Unkraut in Petersilienbeeten wächst. Doch läßt sie sich stets mit Sicherheit durch ihren unangenehmen Geruch unterscheiden. Ihre Giftigkeit beruht auf dem Gehalt an Coniin bzw. einem coniinähnlichen Alkaloid (früher Cynapin). Daneben sind auch Polyine und ätherische Öle nachgewiesen. Die Wirkstoffe sind ebenfalls im Schierling *(Conium maculatum)* enthalten, dort allerdings in viel höheren Prozentzahlen. Die ätherischen Öle sind für den unangenehmen Geruch der Pflanzen verantwortlich. Die Vergiftungserscheinungen sind ähnlich wie beim Schierling, aber wesentlich schwächer. Anfängliche Erregungszustände gehen allmählich in eine mit Starrkrampf, Erbrechen und Durchfall einhergehende Depression über. Die Pupillen sind erweitert. Der Tod tritt bei normaler Herztätigkeit durch Ersticken ein. Zu tödlichen Vergiftungen ist es durch Verwechslung von Hundspetersilien- mit Petersilienblättern gekommen.
Bei Tieren sind ernste Fälle von Vergiftungen selten. In der Homöopathie wird eine Essenz aus frischen, blühenden Pflanzen bei Krämpfen angewandt.

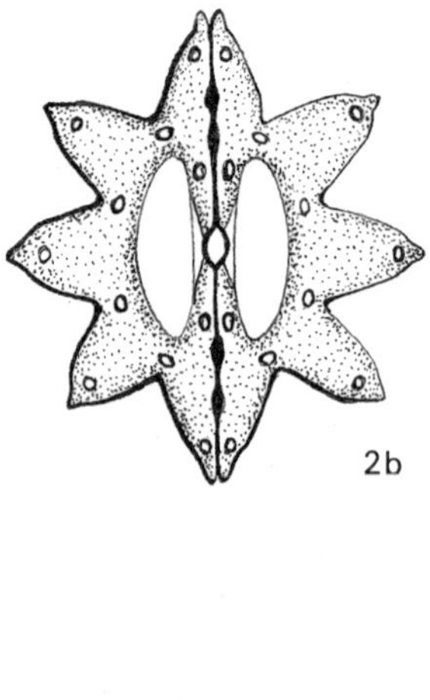

2b

Wirksame Substanz:
coniinähnliches Alkaloid
Giftige Teile: alle Organe
Heilwirkung: bei Krämpfen (Homöopathie)
Herkunft: Europa und Sibirien
Gefährlichkeit: ☠

2a
1
3

Kornrade, Ackerkrone Nelkengewächse
Agrostemma githago L. *Caryophyllaceae*

Die Gattung *Agrostemma* umfaßt nur wenige Arten, die alle als Unkräuter in Feldern vorkommen. Die Kornrade *(A. githago)* (Abb. 1) ist mit dem Getreide, in dem sie als Unkraut am häufigsten vorkommt, in fast alle Getreideanbaugebiete der Welt eingeschleppt worden. Vermutlich stammt sie aus dem Mittelmeerraum und Vorderasien. Kornradensamen wurden bei Ausgrabungen aus dem Neolithikum gefunden. Die Kornrade ist eine einjährige Pflanze mit gegenständigen linearen Blättern. Die Blüten stehen einzeln am Ende des Stengels und sind auffallend violettrot gefärbt. Der Fruchtknoten ist oberständig, die Frucht eine harte, trockene, länglich-eiförmige Kapsel (Abb. 2). Abb. 3 zeigt eine aufgeschnittene Samenkapsel. Die Samen sind mattschwarz und regelmäßig mit Höckerchen übersät (Abb. 4). Eine Kapsel enthält etwa 40 Samen, so daß eine Pflanze ca. 300 Samen produziert. Die Kapsel öffnet sich in der Reifezeit nicht von selbst, die Samen wurden früher meistens erst beim Dreschen frei. Der Giftstoff der Kornrade ist das Saponin Githagin. Besonders die reifen Samenkörner haben mit 4—7 % einen hohen Anteil dieses Giftes. Die übrigen Pflanzenteile einschließlich der Wurzeln enthalten oft nur geringe Spuren. Der Saponincharakter des Githagins bewirkt Blutzersetzung (Hämolyse). Diese ist von Koliken, Durchfällen und Entzündungen des Verdauungstraktes begleitet. Das Zentralnervensystem kann geschädigt werden. Tödliche Vergiftungsfälle beim Menschen enden mit Versagen der Herz- und Atemtätigkeit, sind aber selten. Das Verfüttern nicht gereinigten Getreides kann bei einigen Tieren, z. B. Pferden, ernste Vergiftungen hervorrufen, Schweine sind dagegen sehr resistent gegen Saponine. In Europa kommt es nur noch selten zu Vergiftungen, da das Saatgut vollkommen gereinigt wird. Dafür verschwindet aber diese schöne Pflanze langsam aus den Feldern. Das Githaginsaponin hat in der Heilkunde praktisch keine Verwendung gefunden. Lediglich in der Homöopathie wird eine Tinktur, aus reifen Samen zubereitet, bei Gastritis und Entzündungen der Harnwege verwendet. Manchmal auch als wurmabführendes Mittel (Spulwurm).

Wirksame Substanz:
Githagin (Saponin)
Giftige Teile: Samen
Heilwirkung: als Tinktur früher bei Gastritis, Entzündungen der Harnwege, gegen Würmer
Herkunft: Mediterrangebiet und Vorderasien
Gefährlichkeit: †

4

2
3
1

Narzissenlilie Amaryllisgewächse
Amaryllis bella-donna L. *Amaryllidaceae*

Die Narzissenlilie *(A. belladonna)* (Abb. 1) ist in Südafrika zwischen dem 30. und 35. Breitengrad beheimatet. Die Art wächst auf trockenen, spärlich mit Gras bewachsenen Küstenebenen oder auf Binnensteppen und Bergflächen. Aus ihr wurde eine ganze Reihe von Zierformen gezüchtet, die wegen ihrer auffallend schönen Blüten sehr beliebt sind. *A. belladonna* wird oft mit Arten der Gattung *Hippeastrum* verwechselt, die in Mexiko und Südamerika heimisch sind. Die Narzissenlilie ist ein ausdauerndes Zwiebelgewächs mit blattlosem, etwa 30 cm hohem Stengel. An seinem Ende stehen mehrere wohlriechende rosa- bis rotgestreifte große Blüten. Die Frucht ist eine dreifächerige Kapsel mit schwarzen Samen. Die Pflanze enthält in allen ihren Teilen, besonders aber in der Zwiebel, das giftige Alkaloid Bellamarin, eines der zahlreichen Alkaloide, die in dieser Pflanzenfamilie zu finden sind. Toxische Gaben bewirken Muskelkrampf, Unkoordiniertheit der Bewegungen und Lähmung des Atemzentrums. Der Tod tritt durch Ersticken ein. Außerhalb des Verbreitungsgebietes Südafrika sind keine gefährlichen Vergiftungen bei Menschen oder Tieren beschrieben worden. Die Hottentotten mischen ein Pfeilgift aus Zwiebelextrakten der Narzissenlilie und der Art *Boophone toxicaria.* In den Südstaaten der USA bewirkt die Art *Zephyrantes atamasco,* eben aus dieser Familie, eine Pferdekrankheit („staggers"). Auch in Europa gibt es giftige Amaryllisgewächse. Am bekanntesten ist wohl das Schneeglöckchen *(Galanthus nivalis)* (Abb. 2), es enthält das Alkaloid Galanthamin. Galanthamin wird zusammen mit Physostigmin *(Physostigma venenosum)* in der Augenheilkunde zur Behandlung des grünen Stars benutzt. Zur Isolierung des Galanthamins verwendet man jedoch die Zwiebeln einer anderen Art *(G. woronowii).*

Herzbeschwerden verursachen auch die giftigen Alkaloide der Knotenblumen *(Leucojum)* und Narzissen *(Narzissus).*

2

1

Wirksame Substanz:
Bellamarin (Alkaloid)
Giftige Teile: alle Organe, besonders die Zwiebel
Heilwirkung: Alkaloide dieser Familie werden bei grünem Star benutzt, auch gegen Lähmungen
Herkunft: Südafrika
Gefährlichkeit: †

Amianthium muscaetoxicum Gray

Im atlantischen Bereich Nordamerikas wächst „Fly poison“ oder „Staggergrass“ *(A. muscaetoxicum)* (Abb. 1) auf sauren Böden, in lichten Wäldern und auf Äckern. Seine Verbreitung reicht vom Staat New York nach Florida und im Westen bis Kentucky und Arkansas. *A. muscaetoxicum* ist ein ausdauerndes, bis 50 cm hohes Zwiebelgewächs und hat einen einfachen glatten, blattlosen und blütentragenden Stengel. Die Blätter sind grundständig. Die Blüten sind weiß und grünlich angelaufen. Der Blütenstand besteht aus einer dichten einfachen Rispe. Die Frucht ist eine hörnchenförmige, dreifächerige Kapsel (Abb. 2) mit zahlreichen schwarzen Samen (Abb. 3). Die Pflanze enthält in allen Teilen giftige Alkaloide (bis 0,1 %). Isoliert wurden Jervin, Amianthin sowie zwei Esteralkaloide, die sehr stark wirken. Sie sind hauptsächlich dadurch gefährlich, daß sie sich in Organen von Tieren und Menschen ansammeln. Rinder und Schafe sind beim Weiden dadurch sehr gefährdet. Eine Vergiftung mit *A. muscaetoxicum* äußert sich durch Speichelsekretion, Verdauungsbeschwerden, Erbrechen, beschleunigte Atmung, Sinken der Körpertemperatur und Schwindelzustände. In den USA benutzt man den giftigen Pflanzensaft zur Fliegenbekämpfung. Ähnliche Vergiftungserscheinungen bewirken auch nahe verwandte Arten der Gattung *Melanthium,* besonders *M. virginicum, M. latifolium* und *M. parviflorum,* die alle auf feuchten Wiesen des atlantischen Teils der USA gedeihen. Die Arten dieser Gattung wachsen nicht aus einer Zwiebel, sondern aus einem Wurzelstock. Sie sind mächtiger und erreichen eine Höhe von über 1,5 m. Die Blüten sind weiß gefärbt. Die dreifächerigen geblähten Samenkapseln enthalten geflügelte Samenkörner. Diese Arten verursachen vor allem Vergiftungen von Pferden. Verwandt mit den genannten Arten sind weiterhin Arten der Gattung *Schoenocaulon.* Besonders *S. officinale* ist dafür bekannt, daß es in den Samen stark giftige Alkaloide vom Veratrin-Typus *(Veratrum album),* z. B. Veratridin und Cevadin, enthält. Sie haben einen ähnlichen morphologischen Bau wie die Arten der Gattung *Melanthium.*

2

Wirksame Substanz:
Jervin, Amianthin (Alkaloide) u. a.
Giftige Teile: alle Organe
Heilwirkung: –
Herkunft: atlantischer Bereich von Nordamerika
Gefährlichkeit: X

3

1

Buschwindröschen Hahnenfußgewächse
Anemone nemorosa L. *Ranunculaceae*

Die Gattung *Anemone* umfaßt etwa 120, vor allem auf der nördlichen Halbkugel verbreitete Arten. Die häufigste ist das Buschwindröschen *(A. nemorosa)* (Abb. 1). Ebenfalls weit verbreitet ist das Gelbe Windröschen *(A. ranunculoides)* (Abb. 2), sein Verbreitungsgebiet reicht von Europa bis nach Asien. Beide Arten sind typische Frühlingsblumen der tiefergelegenen Laubwälder, sie gedeihen jedoch auch in höheren Gebirgslagen. Viele veredelte Windröschen-Formen, die reichblütig sind und bunte Blüten haben, werden als Gartenpflanzen verwendet. Die Buschwindröschen sind überwinternde, höchstens 20 cm hohe Kräuter. Sie blühen bereits zu Beginn der Vegetationszeit im März bis Mai. Die weißen, auf der Außenseite rötlich-violett überlaufenen Blüten mit vielen Staubblättern und auffallend gelben Staubbeuteln sind verhältnismäßig groß. Eine weitere hübsche Anemonenart, die Narzissenblütige Anemone *(A. narcissiflora)* (Abb. 3) ist bei uns geschützt. Windröschen enthalten Protoanemonin und Anemonin. Diese sehr unbeständigen Wirkstoffe zerfallen beim Trocknen in nichtgiftige einfache Verbindungen. Daher sind Vergiftungsfälle selten. Das Protoanemonin wirkt äußerlich stark hautreizend und erzeugt schmerzhafte Blasen sowie schlecht heilende Geschwüre. Im Organismus führt es zu heftigen Darm- und Nierenentzündungen, bei schweren Vergiftungen zu Krämpfen, Bewußtlosigkeit und Erstickungstod. Beim Menschen können gefährliche Hautschädigungen bei einer Behandlung rheumatischer Schmerzen durch Auflegen von frischgeriebenen Blättern oder Anemonenextrakt entstehen. Bei Haustieren sind Vergiftungen recht selten, doch sind auch tödliche Fälle beschrieben. Als Volksheilmittel werden Windröschenblätter heute nur vereinzelt bei der Rheuma-Behandlung gebraucht. Auf Kamtschatka sollen die Eingeborenen aus Anemonen ein Pfeilgift herstellen.

2

3

1

Wirksame Substanz:
Protoanemonin und Anemonin
Giftige Teile: alle Organe
Heilwirkung: bei Rheuma (äußerlich)
Herkunft: Europa, Nordamerika und Nordasien
Gefährlichkeit: X

Upasbaum Maulbeergewächse
Antiaris toxicaria (Pers.) Lesch. *Moraceae*

Die Gattung *Antiaris* umfaßt 4 Arten, die im tropischen Afrika und Asien, auf dem Malaiischen Archipel und in Ozeanien verbreitet sind. Am bekanntesten ist der sogenannte Upasbaum *(A. toxicaria)* (Abb. 1). Er gedeiht im tropischen Südindien, auf Ceylon, in Burma, Südchina und Indonesien. *A. toxicaria* ist ein mächtiger Baum, einer der höchsten in den Beständen der Tropenwälder Javas. Der Stamm wird 60 bis 80 m hoch, ist astlos bis zum Wipfel und hat eine ausladende Krone. Die Rinde ist glatt, weißlich. Die unscheinbaren Blüten erscheinen im Juni und Juli vor dem Blätteraufbruch am Ende der Zweige. Die Frucht ist eine längliche, mit fleischigen Schuppen bedeckte Beere mit hartem Kern. Bei den Eingeborenen ist dieser Baum von altersher als gefährlicher Giftbaum bekannt. Die giftigen Glykoside Antiarin und Antiosidin sind im Milchsaft des Baumes enthalten. Sie wirken schnell und aggressiv auf den Herzmuskel, noch heftiger als die Fingerhut-Glykoside *(Digitalis purpurea)*. Eine Vergiftung verläuft rasch. Auf die Primärsymptome Brechreiz und Durchfall folgen sofort schwacher Herz- und Pulsschlag sowie Herztod. Die Vergiftungen verlaufen fast immer tödlich. Wegen seiner starken Wirkung benutzen die Eingeborenen den Milchsaft als Pfeilgift („Ipo-Pfeilgift"). Dieses Gift wird aus verdicktem Milchsaft unter Beimengung aromatischer Essenzen, die die Giftigkeit noch erhöhen, bereitet und dann in Kalebassen (Flaschenkürbisse) gefüllt (Abb. 2). Von der Giftigkeit dieses Pfeilgiftes berichteten die alten Seefahrer Unglaubliches. Es gibt kein anderes Gewächs des malaiischen Gebietes, das *A. toxicaria* an Giftigkeit übertrifft. In der heimischen Heilkunde wird bis heute der Milchsaft als drastisches Abführmittel und äußerlich zur Heilung schmerzhafter Geschwüre benutzt. In der europäischen Heilkunde blieben Versuche einer praktischen Anwendung der Glykoside dieser Art wegen ihrer großen Giftigkeit und geringen Stabilität ohne Erfolg.

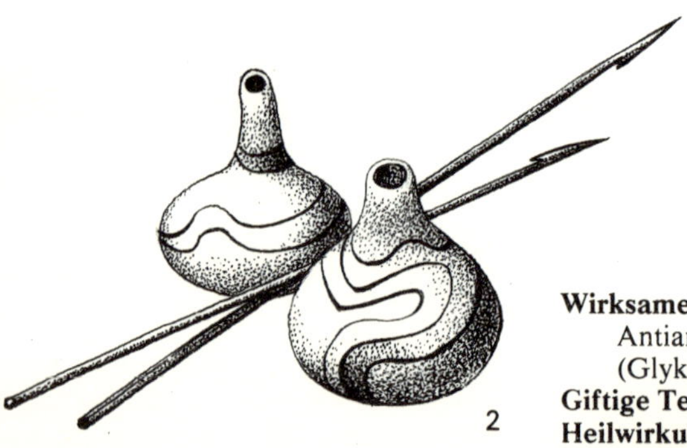

2

Wirksame Substanz:
Antiarin und Antiosidin (Glykoside)
Giftige Teile: Milchsaft
Heilwirkung: –
Herkunft: Südost-Asien
Gefährlichkeit: ☠

1

Indianischer Hanf
Apocynum androsaemifolium L.

Hundsgiftgewächse
Apocynaceae

Zur nordamerikanischen Gattung *Apocynum* (Hundskohl oder Hundswolle) zählen 7 Arten, von denen nur der Indianische Hanf *(A. androsaemifolium)* (Abb. 1) und der Fliegenfänger *(A. cannabinum)* (Abb. 2) angeführt werden sollen. Beide Arten sind vor allem in den USA, aber auch in Südkanada verbreitet. Sie wachsen von den Niederungen bis ins Gebirge auf Brachfeldern, Schuttplätzen oder an Bachufern. Beide Arten sind stattliche, bis 1,5 m hohe ausdauernde Pflanzen mit aufrechtem festem Stengel, aus dem an Bruchstellen der giftige Milchsaft fließt. Die gegenständigen kurzgestielten Blätter sind länglich-eiförmig. Die kleinen, weiß und rosenrot gefärbten Blüten mit hoch verwachsener Krone stehen in Trugdolden. Die Früchte sind 5–20 cm lang, säbelförmig. Die zahlreichen Samenkörner tragen bis 2 cm lange Samenkrone, die leicht abfällt (Abb. 3). Da sich die festen Fasern ihrer Stengel als Bast zum Verarbeiten eignen, werden sie auch Indianischer Hanf genannt. Beide Arten enthalten wie die meisten Pflanzen der Familie *Apocynaceae* giftige herzaktive Glykoside wie Cymarin und Apocannosid. Vergiftungen sind beim Menschen selten und äußern sich durch Versagen der Herztätigkeit. Vergiftungen bei Pferden und Rindern sind bei freiem Weiden ziemlich häufig; etwa 15 bis 30 g frische Blätter können zu schweren Vergiftungen oder zum Tode der Tiere führen. Eine Vergiftung macht sich durch rasches Absinken der Körpertemperatur, auffälliges Erkalten der Gliedmaßen, unregelmäßigen Puls, erweiterte Pupillen, Änderung der Hautfarbe um die Nüstern und Schlaffheit bemerkbar. Die getrockneten Wurzeln beider Arten werden in den USA als Herzmittel verwendet. Die Indianer benutzen die Pflanzen zur Behandlung von Wassersucht und als harntreibendes sowie Brechmittel.

2

Wirksame Substanz:
Cymarin, Apocannosid u. a. (Glykoside)
Giftige Teile: Milchsaft
Heilwirkung: bei Herzschwächen
Herkunft: Nordamerika
Gefährlichkeit: †

3
1

Gemeine Akelei — Hahnenfußgewächse
Aquilegia vulgaris L. — *Ranunculaceae*

In der Gattung *Aquilegia* sind mehr als 70 Arten beschrieben, die größtenteils in den gemäßigten Zonen Asiens und Europas vorkommen. Ihr Entwicklungszentrum ist wahrscheinlich Ostasien. Die Gemeine Akelei *(A. vulgaris)* (Abb. 1) ist ein typischer Vertreter mit euroasischer Verbreitung. Sie wächst einzeln in Eichen- und Buchenwäldern und ist auch auf subalpinen Bergwiesen anzutreffen. Die Pflanze wird bis zu 80 cm hoch. Die Blätter sind langgestielt, doppelt dreizählig, die Teilblättchen dreilappig. Die Blüten sind groß, blau, violett, rosa oder weiß gefärbt und haben einen Sporn, der gebogen ist und ein hakiges Ende hat (Abb. 2). Dieser Sporn ist mit Nektar gefüllt. Manche Arten haben auffallend geformte Blätter und schön gefärbte und geformte Blüten, z. B. die japanische *A. flabellata* (Syn.: *A. akitensis*), die bei uns vornehmlich in einer niedrigen Varietät: var. *pumilla* (Abb. 3) vorkommt. Aber auch manche veredelte Gartenhybriden (Abb. 4) haben schön geformte Blüten.

Der Hauptwirkstoff der Gemeinen Akelei ist noch nicht näher bekannt. Er hat wahrscheinlich glykosidischen Charakter. Daneben kommt in geringer Menge auch Blausäureglykosid vor. Sie wirken als Herzgifte. Nach größeren Gaben (über 20 g frische Blätter oder über 5 g trockene Droge) stellen sich Krämpfe, Atemnot und Herzschwäche ein. Diese Zustände sind aber relativ kurzfristig. Bei Tieren sind keine Vergiftungsfälle beschrieben. Die Giftstoffe zerfallen beim Trocknen und können somit im Heu nicht schädlich wirken. In der Volks- und Naturheilkunde wurde die Akelei früher bei langwierigen Ekzemen und Gallenleiden angewendet. Heute wird sie in Europa nur noch in der Homöopathie gebraucht, die sie als Heilmittel gegen Neurosen, Schlaflosigkeit und in der Klimax empfiehlt.

4

Wirksame Substanz: unbekannt, daneben Blausäureglykosid
Giftige Teile: Kraut
Heilwirkung: –
Herkunft: Europa und Asien
Gefährlichkeit: (X)

3
1
2

Osterluzei
Aristolochia clematitis L.

Osterluzeigewächse
Aristolochiaceae

Die artenreiche Gattung *Aristolochia* – beschrieben sind etwa 500 Arten – hat ihr Entwicklungszentrum in den tropischen und subtropischen Gebieten Mittel- und Südamerikas. Die bekannteste europäische Art ist die Osterluzei *(A. clematitis)* (Abb. 1). Mittelpunkt ihres Verbreitungsgebietes sind die Mittelmeerländer und Kleinasien, in Zentraleuropa ist die Osterluzei eingebürgert worden. Sie wächst oft in Weinbergen, da sie wärmeliebend ist, und bei uns ist sie nur selten fruchtbar. Die Osterluzei ist ein ausdauerndes Kraut mit einfachem, meist aufrechtem Stengel und wird bis 1 m lang. Blätter sind herzeiförmig. Die spärlichen Blütenbündel wachsen aus den Blattachseln, die Blütezeit liegt im Mai–Juni. Die Blütenblätter sind gelb und langröhrig verwachsen. Am Grunde ist die Blütenröhre kugelig, an der Öffnung tütenartig erweitert (Abb. 2). In dem Kessel am Blütengrund befinden sich die Geschlechtsorgane. Die Frucht ist eine birnenförmige Kapsel mit flachen, dreieckigen Samen (Abb. 3). Die Giftstoffe der Osterluzei sind Aristolochiasäuren, die chemisch den Isochinolin-Alkaloiden nahestehen. Diese rufen ernste Schädigungen des Darmkanals, Erbrechen, Durchfall und Nierenentzündungen hervor. Bei schwangeren Frauen kann es zu einer Abtreibung kommen. Der Tod kann durch Erstickung eintreten. Unter dem Vieh sind Pferde am empfindlichsten. Die Osterluzei ist eine alte Heilpflanze, die bereits im Altertum von ägyptischen und griechischen Ärzten hauptsächlich gegen Schlangenbisse angewendet wurde. Auch in unserer Zeit gilt diese Art als Heilpflanze und sie wird immer häufiger in Arzneien bei schlechtheilenden Geschwüren u. ä. Krankheiten verwendet. Die Aristolochiasäure aktiviert die Phagozyten, woraus sich ihre Heilwirkung erklärt. Manche tropische Arten wie *A. grandiflora* aus Panama sind stark giftig.

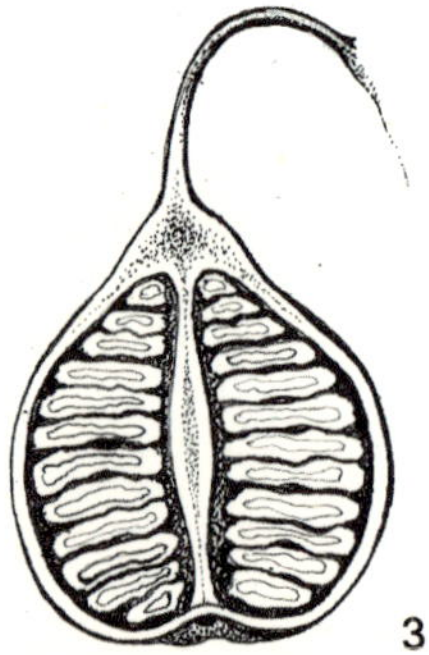

3

Wirksame Substanz:
Aristolochiasäuren
Giftige Teile:
Kraut, Wurzelstock, (Samen)
Heilwirkung: bei Geschwüren u. ä.
Herkunft: Mediterrangebiet, Kleinasien
Gefährlichkeit: (X)

2
1

Gefleckter Aronstab
Arum maculatum L.

Aronstabgewächse
Araceae

Das Verbreitungsgebiet der Gattung *Arum,* sie umfaßt 12 Arten, ist vor allem Süd- und Mitteleuropa, im Norden bis Skandinavien, im Osten bis in den Iran, im Süden bis Algerien. In diesem ganzen Gebiet ist auch der Gefleckte Aronstab *(A. maculatum)* (Abb. 1) zu finden. Er gedeiht besonders in feuchten Laubmischwäldern, in Europa sehr häufig auch in Auwäldern. Der Gefleckte Aronstab ist ausdauernd und wird durschnittlich 20 cm hoch. Er hat einen ausgeprägten knolligen Wurzelstock (Abb. 2). Die Blätter sind langgestielt und pfeilförmig. Der Blütenstand ist kompliziert aufgebaut (Abb. 3), ein Hüllblatt umgibt den violett oder purpur gefärbten Blütenkolben. Die männlichen Blüten sitzen oben, die weiblichen am Grunde. Geruch und Farbe des Blütenkolbens locken Insekten, besonders Fliegen an, die, bedeckt mit dem Blütenstaub, einer anderen Aronstabpflanze in die Tüte rutschen, um die weiblichen Blüten zu bestäuben. Das Herauskriechen der Insekten verhindern die sperrigen Borsten der unfruchtbaren Blüten. Erst wenn aus den Staubbeuteln über dem Insekt der Blütenstaub fällt, welken diese Blüten, ihre Borsten werden weich und das Insekt kann wieder heraus. Bedeckt mit Blütenstaub fliegt es zur nächsten Aronstabblüte. Eine solche Blüte wird Kesselfalle genannt. Die Giftstoffe des Gefleckten Aronstabs sind noch nicht genau erforscht. Es treten neben dem flüchtigen Aroin noch Saponin und Blausäureglykosid auf. Das Aroin ist ein Alkaloid vom Coniin-Typ *(Conium moculatum).* Diese Giftstoffe sind hauptsächlich in der Wurzelknolle enthalten. Sie sind unbeständig und werden beim Kochen zerstört. Deshalb konnten die stärkehaltigen knolligen Wurzelstöcke früher unbeschadet gegessen werden. Der Pflanzensaft bewirkt Blasenbildung und Haut- sowie Schleimhautentzündungen. Auch Hautausschläge sind bei Berührung mit den Pflanzen nicht selten, rühren aber von den zahlreichen Mikrokristallen der Oxalsäure in den Zellen her. Weiterhin verursacht der Aronstab Durchfall, Schädigung der Herztätigkeit und Lähmung des Zentralnervensystems. Vergiftungen kommen besonders bei Kindern vor, die die süßschmeckenden Beeren essen. In schweren Fällen kann es zu Todesfällen kommen. In der Heilkunde diente *Arum* früher als Mittel gegen Darmparasiten und Katarrhe der Luftwege.

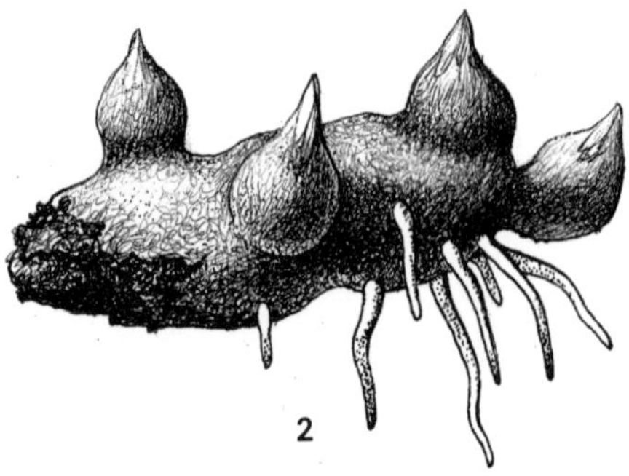

2

Wirksame Substanz:
Aroin, Saponin,
Blausäureglykosid u. a.
Giftige Teile: alle Organe, besonders die Wurzelstöcke
Heilwirkung: –
Herkunft: Europa, Vorderasien, Nordafrika
Gefährlichkeit: †

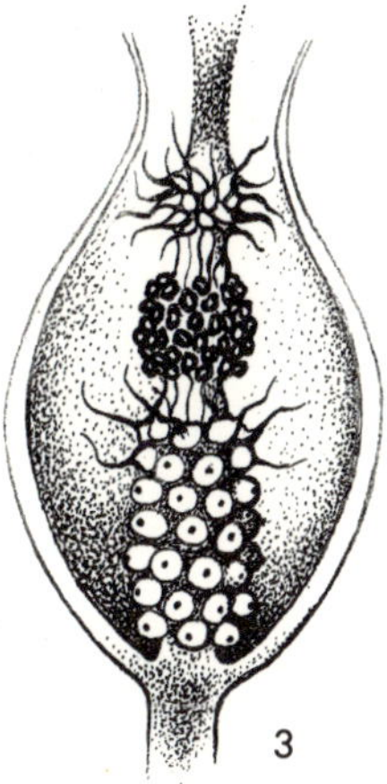

3

1

Haselwurz Osterluzeigewächse
Asarum europaeum L. *Aristolochiaceae*

Der größte Teil der etwa 100 Arten der Gattung *Asarum* wächst in Südostasien. In Europa, Kleinasien und Westsibirien bis zum Altaigebirge ist die Haselwurz *(A. europaeum)* (Abb. 1) weit verbreitet. Sie gedeiht in lichten Wäldern, bevorzugt in Buchengehölzen, Auwäldern und Ufergebüschen von den Niederungen bis in höhere Gebirgslagen. Der Wurzelstock ist gegliedert und kriechend. Ihm entspringen die bis 10 cm hohen Blüten (Abb. 2) und die immergrünen nierenförmigen Blätter. Die Blüten sind außen grünlichbraun, innen purpurbraun. Die Samenkörner sind schiffchenartig vertieft und mit einem auffallenden schwammig-fleischigen Anhängsel (Abb. 3) versehen, das den Ameisen als Nahrung dient, wodurch diese die Haselwurz gleichzeitig verbreiten. Das giftige ätherische Öl, das der Wurzelstock in einer Menge von bis zu 2 % enthält, besteht aus zahlreichen Komponenten, am stärksten vertreten sind u. a. Asaron (30 %), Methyleugenol (20 %) und Bornylacetat (15 %). Dieses Öl ruft beim Menschen Hautreizung und Blasenbildung hervor, innerlich genommen Erbrechen, Durchfall, Nierenentzündung, Allgemeinschwäche und Kollaps hervor. Die nahverwandte nordamerikanische Art *A. canadense* soll ähnliche Symptome hervorrufen. Die Haselwurz ist eine alte Heilpflanze. Der Wurzelstock wurde als Brechreiz- und harntreibendes Mittel (noch heute in der Homöopathie), gegen Katarrhe der oberen Atemwege und Asthma verwendet. Bis heute ist es Bestandteil einiger Schnupftabaksorten (Schneeberger Schnupftabak). Das ätherische Öl hat breite antibakterielle Wirkung.

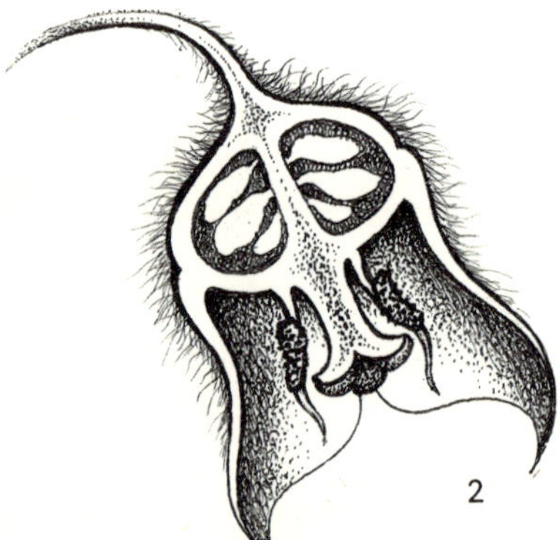

2

Wirksame Substanz: Asaron
Giftige Teile: alle Organe, besonders der Wurzelstock
Heilwirkung: Katarrhe und Asthma
Herkunft: Mitteleuropa – Westsibirien
Gefährlichkeit: X

1
3

Tollkirsche
Atropa bella-donna L.

Nachtschattengewächse
Solanaceae

Die Tollkirsche *(A. bella-donna)* (Abb. 1) ist eine europäische Pflanze, deren Verbreitungsgebiet von West- und Mitteleuropa im Osten bis zur Krim reicht. Als Heilpflanze wurde sie nach Nordamerika gebracht. Sie gedeiht an lichten Waldrändern, vor allem aber auf lichten Stellen in Buchengehölzen und auf Kahlschlägen. In Indien ist *A. acuminata* beheimatet. Beide Arten sind wichtige Heilpflanzen. Die Tollkirsche ist eine bis 150 cm hohe Staude. Die Blätter sind groß und eiförmig. Die Pflanze blüht von Juni bis August. Die Blüten sind purpurfarben, selten gelb und fünfzählig (Abb. 2). Der Fruchtknoten ist oberständig und zweifächrig (Abb. 3). Die saftige Beerenfrucht ähnelt einer Kirsche, in der Reifezeit ist sie schwarzviolett und enthält zahlreiche Samen. Die Frucht haftet im sternförmigen, zur Reifezeit sich öffnenden Kelch. Die Tollkirsche enthält giftige Tropan-Alkaloide, in der frischen Pflanze vor allem das L-Hyoscyamin, das sich beim Trocknen teilweise in D-L-Hyoscyamin (Atropin) verwandelt. In geringerer Menge sind weitere Alkaloide vorhanden, z. B. Scopolamin, Atropamin, Belladonnin. Da sich die tödliche Dosis von Tollkirschen-Alkaloiden für den Menschen zwischen 0,01 bis 0,1 g bewegt, sind Vergiftungen durch Tollkirschen äußerst gefährlich. Durch das L-Hyoscyamin und das Atropin kommt es zu erregender und lähmender Wirkung. Der Patient wird durch relativ hohe Dosen zunächst bis zu Tobsuchtsanfällen erregt, dann tritt eine Lähmung auf. Durch niedrige Dosen kommt es gleich zu Lähmungen. Eine Vergiftung durch Tollkirschen äußert sich durch Unruhe und Erregung, Rededrang, Euphorie, aber auch Weinkrämpfe, Bewegungsdrang, Zunahme des Erregungszustandes, Irrereden, Umneblungsgefühle, Schreien, bis zu Tobsuchtsanfällen. Dies wird von Blutdrucksteigerungen, Gehstörungen u. a. Symptomen begleitet. Bei schweren Fällen tritt Tod durch Atemlähmung ein. Als tödliche Dosen werden 10—20 Tollkirschen angegeben.

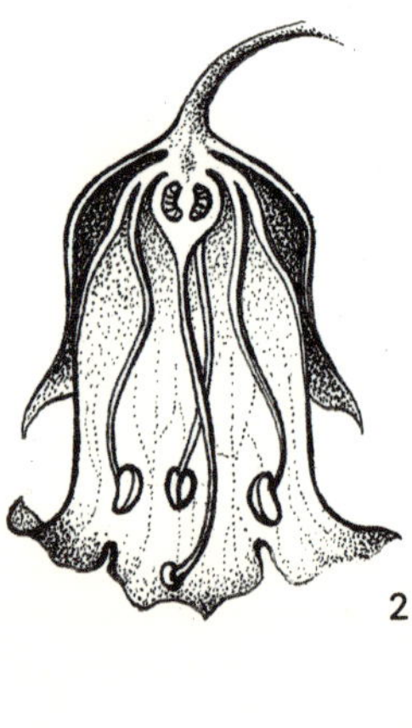

2

Wirksame Substanz:
L-Hyoscyamin, Hyoscyamin, Atropin
Scopolamin, Atropamin, Belladonnin
Giftige Teile: alle Organe
Heilwirkung: in der Augenheilkunde, bei Krämpfen, Asthma und zum Beeinflussen des parasympathischen Nervensystems
Herkunft: West- und Mitteleuropa
Gefährlichkeit: ☠

1

3

Rotbeerige Zaunrübe
Bryonia dioica Jacq.

Kürbisgewächse
Cucurbitaceae

Die Gattung *Bryonia* mit ihren 10 Arten ist in den Mittelmeerländern und in Kleinasien bis Afghanistan verbreitet. Die bei uns vorkommende Rotbeerige *(B. dioica)* (Abb. 1) und Weiße Zaunrübe *(B. alba)* wurden als Heilpflanzen kultiviert und sind vielerorts eingebürgert. Man findet sie in Unkrautbeständen, an Mauern und Zäunen, in Ufergebüschen und auf besonnten Schutt- und Abfallplätzen. In Mitteleuropa ist ihr Vorkommen selten. Die Rotbeerige Zaunrübe ist ein ausdauerndes, rankendes Kürbisgewächs mit mächtiger Rübenwurzel. Der rauhe, kletternde Stengel wird bis 4 m lang und klettert mit Hilfe einfacher Ranken. Die Blätter sind wechselständig. Die Pflanze blüht von Juni bis September. Sie ist zweihäusig. Die männlichen Blüten haben eine leicht abfallende grüne Krone (Abb. 2). Die weiblichen Blüten sind an Zahl viel geringer und weniger auffallend (Abb. 3). Die reife Frucht ist grellrot und enthält zwei zusammengedrückte eiförmige Samenkörner. Die Rotbeerige Zaunrübe enthält verschiedene giftige Substanzen, in der Wurzel Bryresin und Bryonin, in der Frucht Lycopin, im Samen Saponin. Im Kraut befindet sich außerdem ein Alkaloid. Frischer Pflanzen- oder Beerensaft verursacht bei Berührung Hautreiz und Blasenbildung. Bei Einnahme zu hoher Dosen kommt es zu blutigen Darmkoliken, Darm- und Nierenentzündungen mit hohem Fieber. *B. dioica* ist gefährlich, da sie früher als Heilpflanze vielfach benutzt wurde und auch heute noch eines der Hauptmittel der homöopathischen Medizin ist. Der Genuß von 40—50 Beeren soll für einen Menschen tödlich sein. Eine aus der Wurzel bereitete Essenz wird bei verschiedenen rheumatischen und auch katarrhalischen Erkrankungen angewendet. Weiterhin wird auch die in kleinen Dosen verwendete Rübenwurzel als drastisches Abführmittel in der Human- und Veterinärpraxis benutzt.

Wirksame Substanz:
Bryresin, Bryonin (Glykosid) u. a.
Giftige Teile: alle Organe, besonders Rübenwurzel und Früchte
Heilwirkung: bei Katarrhen und rheumatischen Erkrankungen, als Abführmittel (Homöopathie)
Herkunft: wahrscheinlich aus dem Mediterrangebiet stammend
Gefährlichkeit: †

3
2
1

Sumpf-Calla, Schlangenwurz, Schweinsohr Aronstabgewächse

Calla palustris L. *Araceae*

Die Sumpf-Calla *(C. palustris)* (Abb. 1), die einzige Art ihrer Gattung, ist auf der nördlichen Halbkugel in Mittel- und Nordeuropa, in Sibirien, Japan und im atlantischen Nordamerika verbreitet. Diese Sumpfpflanze kommt in Waldsümpfen und Erlenbruchwäldern vor. Sie ist verhältnismäßig selten und bei uns geschützt. Die Sumpf-Calla hat ein kriechendes Rhizom und erreicht eine Höhe von 30 cm. Die Blätter sind lederartig glänzend und herzförmig. Die Pflanze blüht von Juni bis Juli. Der Blütenkolben ist kurz gestielt und von einem weißen Hüllblatt umgeben. Der Fruchtknoten enthält 6 bis 10 an der Unterseite befestigte Samenanlagen (Abb. 2). Die roten, schleimigen Beerenfrüchte enthalten bis 10 längliche, etwa 5 mm lange, längsgefurchte Samenkörner (Abb. 3). Die Sumpf-Calla enthält einen noch unerforschten Wirkstoff, der wahrscheinlich dem Aroin *(Arum maculatum)* ähnlich ist. Auch Saponine wurden festgestellt. Infolge ihres seltenen Vorkommens sind auch Vergiftungsfälle nicht häufig. Es sind aber bei Kindern, die die verlockend roten Beeren gegessen haben, tödliche Vergiftungen bekannt. Eine Vergiftung beginnt mit Durchfall, Schleimhautentzündungen und Allgemeinschwäche und kann mit der Lähmung des Zentralnervensystems enden. Beschrieben sind schwere Schädigungen des Verdauungstraktes bei Rindern nach dem Fressen von Sumpf-Calla und verwandten Arten wie z. B. *Symplocarpus foetidus* (Skunk cabbage), die in Sibirien, Japan und im atlantischen Nordamerika vorkommt sowie *Arisaema triphyllum* (Jack-in-the-pulpit) in Nordamerika.

3

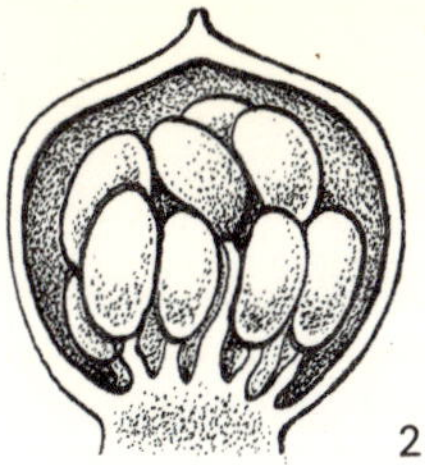

2

1

Wirksame Substanz:
unbekannter aroinähnlicher Stoff
Giftige Teile: alle Organe, besonders der Wurzelstock
Heilwirkung: –
Herkunft: Nordhemisphäre
Gefährlichkeit: †

Sumpfdotterblume Hahnenfußgewächse
Caltha palustris L. *Ranunculaceae*

Die Gattung *Caltha* umfaßt etwa 20 Arten, die in den gemäßigten Gebieten der nördlichen und südlichen Halbkugel vorkommen. Die Sumpfdotterblume *(C. palustris)* (Abb. 1) wächst nur auf der nördlichen Halbkugel und zwar in Europa, Asien und Nordamerika, sogar noch in den arktischen Zonen. Ihr Standort sind Quellfluren, nasse Wiesen, Gräben, aber auch Bruch- und Auwälder. Die Pflanzen werden 10–40 cm hoch. Die Frühjahrsblätter sind nierenförmig und glänzend. Die nach dem Abblühen wachsenden Blätter sind viel größer und haben einen gezähnten oder gesägten Blattrand. Die Pflanze blüht von März bis Mai. Die Blüten sind groß und dottergelb gefärbt. Die Früchte (Abb. 2) haben eine große Menge Samen. Die Pflanze enthält das giftige, aber wenig beständige Protoanemonin, daneben noch Flavone und Saponine. Die Giftigkeit ist im Vergleich zu anderen Hahnenfußgewächsen *(Ranunculus acris)* schwach, da der Giftstoffgehalt gering ist. Vergiftungen von Menschen und Tieren verlaufen in der Regel ohne ernste Folgen. Durch Trocknen – also auch im Heu – verschwindet die Giftigkeit vollständig. Beim Menschen wurden Vergiftungsfälle nach Genuß der als Wildsalat zubereiteten Dotterblumenblätter angeführt. Daneben benutzte man die geschlossenen Blütenknospen als Kapern-Ersatz. Die echten Kapern sind die Knospen eines im Mittelmeergebiet verbreiteten Strauches *(Capparis spinosa)*, Abb. 3 zeigt Blüte und Abb. 4 Kapern. Bei Tieren sind Vergiftungen von Schafen und Ziegen beschrieben. Eine Vergiftung mit der Sumpfdotterblume äußert sich durch Durchfall und Krämpfe, die sich aber nach einiger Zeit lösen. Die Sumpfdotterblume wurde früher als schweiß- und harntreibendes Mittel gegen Rheuma häufig benutzt. Heute in der Homöopathie gegen juckende Hautausschläge verwendet.

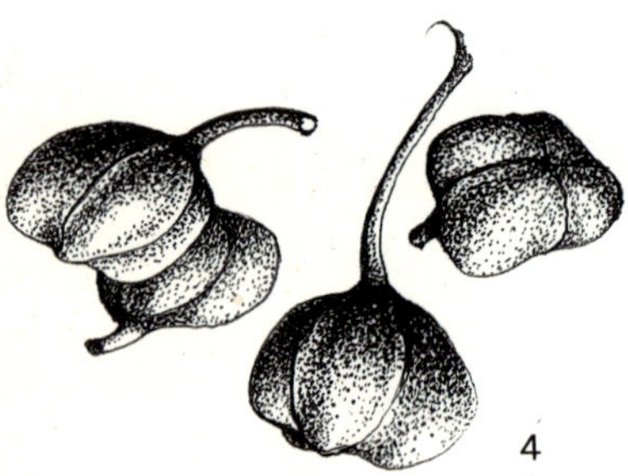

4

Wirksame Substanz:
Protoanemonin, Saponin
Giftige Teile: Alle Organe
Heilwirkung: bei juckenden Hautausschlägen (Homöopathie)
Herkunft: nördliche Hemisphäre
Gefährlichkeit: (X)

2

3

1

Hanf
Cannabis sativa L.

Maulbeergewächse
Moraceae

Der Hanf *(C. sativa)* (Abb. 1) ist eine Faserpflanze, die in vielen Kulturformen für die Textilindustrie angebaut wird. Auch zur Ölgewinnung wird die Pflanze benutzt. Seine Heimat liegt vermutlich von Transkaspien bis Indien. Der Hanf ist eine zweihäusige, einjährige Pflanze mit einem durchschnittlich 2 m hohen Stengel. Die Blätter sehen sehr charakteristisch aus. Die Samen sind 3–5 mm lang und 2 mm breit; in der gemäßigten Zone Europas reifen sie im September bis Oktober. Hanf wird bevorzugt im Mittelmeergebiet und Süd-Rußland angebaut. Man kultiviert vor allem die männlichen Pflanzen als Faserpflanze und benutzt die Samen zur Ölgewinnung. In einer ganzen Reihe von Ländern werden aber auch die weiblichen Pflanzen in der Form des Indischen Hanfes gezüchtet; aus ihnen gewinnt man das Rauschgift Haschisch. Haschisch ist ein Exkret der Blätter und weiblichen Blüten. Im amerikanischen Anbaugebiet gewinnt man aus einer weiteren Form des Indischen Hanfes das Marihuana. Haschisch wird zwar nicht zu den harten Drogen gerechnet, ist aber als sogenannte „Einstiegdroge“ von großer Bedeutung. Es ist noch nicht endgültig geklärt, welcher Inhaltsstoff für die Rauschwirkung verantwortlich ist. Träger der Wirkung ist ein Harz, und zwar dessen wasserunlösliche Bestandteile. Cannabiol und Cannabidiol, denen früher die Haschischwirkung zugeschrieben wurde, sollen hingegen ohne Wirkung sein. Heute wird die Wirkung einem Gemisch von Tetrahydrocannabinolen zugeschrieben. Der Genuß von Haschisch, in der Regel beim Rauchen, versetzt den Benutzer in Halluzinationen, Euphorie und Erregungszustände. Diese gehen bei dauerndem Gebrauch in chronische Wahnvorstellungen über. Körperlicher Verfall und psychische Störungen sind die Endstufe der Haschischsucht (Haschischdemenz). Todesfälle sind sehr selten. Heute sind der Sucht mehr als 300 Millionen Menschen verfallen.

Wirksame Substanz:
Tetrahydro-
cannabinol u. a. Cannabinoiden
Giftige Teile: weibliche Blütenstände
Heilwirkung: selten als Sedativum
Herkunft: Transkaspien, Iran, Indien
Gefährlichkeit: X; aber Rauschgift

1

Taumelkälberkropf, Taumelkerbel — Doldengewächse
Chaerophyllum temulum L. — *Apiaceae*

Die Gattung *Chaerophyllum* umfaßt etwa 35 in Europa, West- und Mittelasien verbreitete Arten. Drei Arten kommen auch im Südosten von Nordamerika vor. Der Taumelkälberkropf *(Ch. temulum)* (Abb. 1) ist eine europäische Art, die aber inzwischen auch in andere Kontinente verschleppt wurde. Er gedeiht in etwas feuchten, lichten Wäldern, in Ufergebüschen und auf Schuttplätzen, an Mauern und Zäunen. Die ein- bis zweijährige Pflanze hat eine spindelförmige Wurzel und einen rötlichen, langbehaarten, über 1 m hohen Stengel. Die Blätter sind doppelt gefiedert. Trotz der auffallenden morphologischen Verschiedenheit in den Blättern sind Fälle gefährlicher Verwechslung mit Petersilie bekannt. Der Taumelkälberkropf blüht von Mai bis Juli. Die Kronblätter sind weiß, manchmal rötlich, und tief eingeschnitten. Die Früchte sind gelbbraun, schmal-elliptisch, 5—7 mm lang und 1, 5 mm breit. Sie sind charakteristisch gestreift, die Rippen sind hell und die Rillen dunkel (Abb. 2). Die Nüßchen sind sehr langgestielt, wobei der Stiel recht dick ist. Sie sind im Querschnitt halbkreisförmig, die Ölkanälchen befinden sich unter den Rillen (Abb. 3). Das Alkaloid Chaerophyllin und weitere, bisher chemisch und pharmakologisch noch wenig erforschte, wohl glykosidisch gebundene andere Giftstoffe sind hauptsächlich im Blattwerk und in den Früchten dieser Art enthalten. Chaerophyllin ist unbeständig. Auf der menschlichen Haut bewirkt der Pflanzensaft Entzündungen und schlecht heilende Hautausschläge. Innerlich wirkt das Chaerophyllin auf das Zentralnervensystem sowie auf den Verdauungstrakt. Er ruft Schläfrigkeit, Schwindelgefühle und Herzschwäche hervor. Vergiftungen sind beim Menschen sehr selten, da der Taumelkälberkropf nicht als Heipflanze benutzt wird. Auch haben die Früchte keine aromatischen Eigenschaften, die eine Verwechslung mit den Früchten anderer als Gewürz dienender Doldengewächse verursachen könnten. Bei Tieren sind Vergiftungen von Rindern und Schweinen beschrieben. Sie äußern sich in einem unsicheren Gang (Taumeln) und manchmal heftigen Koliken, die das Tier gelegentlich zu Tode erschöpfen. Die Symptome sind ähnlich wie beim Taumellolch *(Lolium temulentum)*. Verwandte Arten wie *Ch. bulbosum* und *Ch. hirsutum* sind ebenfalls giftig. Außer in der Homöopathie wird die Pflanze in der Heilkunde nicht genutzt.

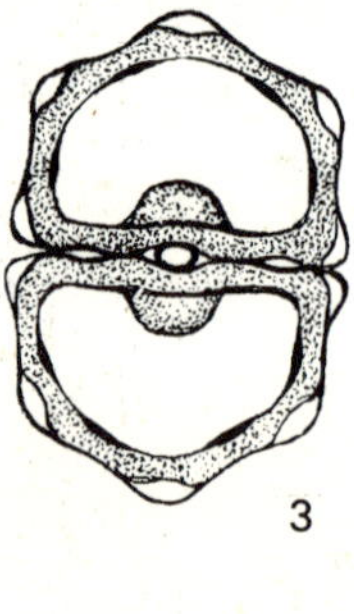

3

Wirksame Substanz:
Chaerophyllin (Alkaloid)
Giftige Teile: Kraut und Früchte
Heilwirkung: –
Herkunft: Europa
Gefährlichkeit: **(X)**

2
1

Schöllkraut
Chelidonium majus L.

Mohngewächse
Papaveraceae

Die einzige Art der Gattung *Chelidonium*, das Schöllkraut *(Ch. majus)* (Abb. 1), ist in ganz Europa vom Mittelmeer bis nach Skandinavien und im Osten bis nach Asien verbreitet. In Nordamerika ist Schöllkraut nicht ursprünglich beheimatet, dort ist es heimisch geworden. Es wächst in Wäldern, an Zäunen und Mauern sowie auf Ruderalflächen. Das Schöllkraut ist je nach Standort verschieden groß. Die Pflanzen werden 30 bis 100 cm hoch. Der Wurzelstock ist kurz verzweigt. Die Stengel sind aufrecht und dünn behaart, die Blätter fiederteilig. Das Schöllkraut blüht von Frühling bis Herbst. Die gelben Blüten haben viele Staubblätter und einen oberständigen, einfächerigen Fruchtknoten. Sie stehen in lockeren Dolden. Die zweilappige Fruchtschote (Abb. 2) öffnet sich von unten nach oben. Die Samen (Abb. 3) sind sehr klein (bis 2 mm lang) und eiförmig. Sie sind schwarz gefärbt und haben auf der Oberfläche Grübchen. Die Früchte haben ein fleischiges Anhängsel, das Ameisen als Nahrung dient. Sie sorgen so für die Verbreitung der Art. In der ganzen Pflanze, hauptsächlich aber im Rhizom, ist ein orangegelber Milchsaft mit giftigen Alkaloiden enthalten. Es konnten bislang 20 Alkaloide in stark wechselnder Menge isoliert werden, von denen folgende am gründlichsten pharmakologisch erforscht sind: Chelidonin, Chelerythrin, Sanguinarin, Berberin, Stylopin, Coptisin und Protopin. Die meisten Alkaloide (bis 2 %) sind in den Wurzeln zu finden, die übrigen Pflanzenteile enthalten viel weniger (bis 0,6 %). Das Schöllkraut ist für den Menschen ziemlich giftig. Übermäßige Gaben bei Behandlungsversuchen bewirkten Schleimhautreizungen, Erbrechen, blutigen Durchfall und Blut im Harn. Bekannt ist ein Todesfall durch Versagen der Herztätigkeit, allerdings nach Einnahme von 40 g Schöllkrautessenz. Bei Tieren sind nur wenige Todesfälle bekannt, sie weichen auf der Weide dieser Art aus. In der Heilkunde wird Schöllkraut bei Verdauungsbeschwerden, Geschwüren und Gallenleiden angewendet. Auch bei der Krebsbekämpfung wird die zytostatische (zellvermehrungshemmende) Wirkung der Chelidonin-Alkaloide untersucht.

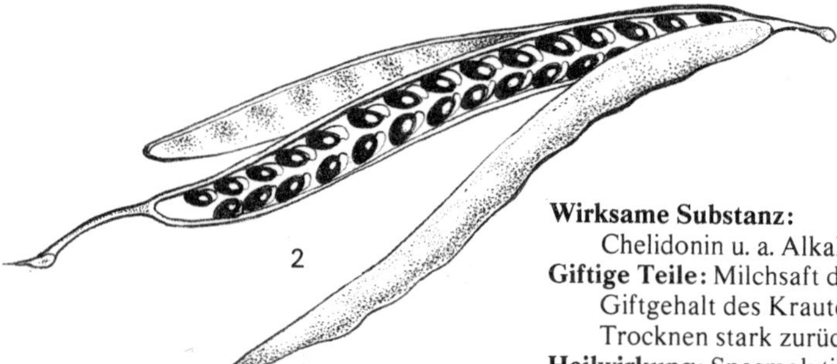

2

Wirksame Substanz: Chelidonin u. a. Alkaloide
Giftige Teile: Milchsaft des Rhizoms; der Giftgehalt des Krautes geht beim Trocknen stark zurück
Heilwirkung: Spasmolytikum
Herkunft: Europa und Nordasien
Gefährlichkeit: †

3

1

Wasserschierling
Cicuta virosa L.

Doldengewächse
Apiaceae

Die 7 Arten der Gattung *Cicuta* sind auf der nördlichen Halbkugel verbreitet. In Europa beheimatet ist der Wasserschierling *(C. virosa)* (Abb. 1), der auch in Sibirien und Japan vorkommt. Er gedeiht auf ausgesprochen feuchten Standorten, an schlammigen Ufern, auf überschwemmten Wiesen sowie in Gräben und Sümpfen. In Mitteleuropa ist die Art selten, häufiger ist sie in Nordeuropa und Asien. Der Wasserschierling wird über 1 m hoch. Er ist ausdauernd und hat ein knolliges, hohles Rhizom. Das Rhizom und der untere Teil des hohlen, kahlen Stengels stehen in der Regel im Wasser, und die Pflanze ist auch an den unteren Stengelknoten bewurzelt. Die Blätter sind gefiedert, die Blättchen lanzettlich gesägt. Der Wasserschierling blüht von Juli bis September, die Blüten haben weiße, an der Spitze herzförmig eingeschnittene Kronblätter. Die Früchte (Abb. 2) sind breiter als lang. Die Nüßchen sind fest miteinander verhaftet, im Querschnitt sind sie sechseckig (Abb. 3). Die Rippchen enthalten ein schwammiges Gewebe, das ihnen ein Schwimmen ermöglicht. Der Wasserschierling enthält in sämtlichen Teilen, vor allem im Wurzelstock, Polyine Cicutoxin und Cicutoxinin. Diese Substanzen sind sehr giftig. Etwa die Hälfte aller Vergiftungen beim Menschen endet mit dem Tod. Auf ein erstes Stadium (Erbrechen, Schwindelgefühl, Ohnmacht) folgen epileptische Krämpfe, die in immer kürzeren Abständen wiederkehren, und eine Stunde nach dem Genuß von Wasserschierling tritt der Erstickungstod ein. Da die Schierling-Wurzelstöcke süß schmecken, sind tödliche Vergiftungsfälle vor allem bei Kindern bekannt. Auch Tiere, hauptsächlich Pferde und Rinder, verenden in Krämpfen nach dem Fressen kleinerer Mengen von Schierlingskraut oder Wurzelstock. Da der Wasserschierling durch Trocknen seine Giftigkeit nicht verliert, ist auch das mit ihm verunreinigte Heu gefährlich. In den USA sind Rindervergiftungen durch andere Arten, z. B. *C. maculata* beschrieben, zu denen es bei weidendem Vieh vor allem im Frühjahr kommt.

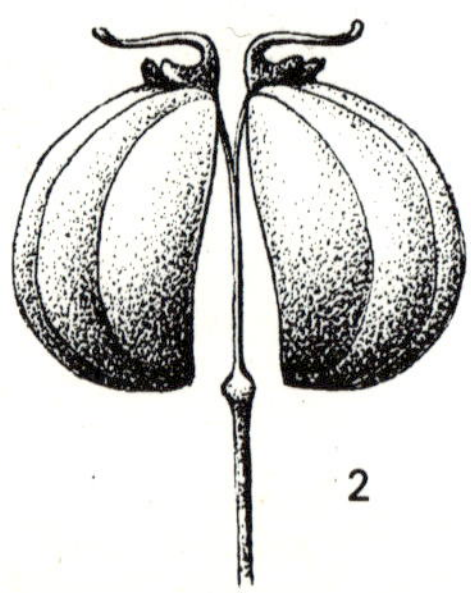

2

Wirksame Substanz:
Cicutoxin (hochgesättigter Alkohol)
Giftige Teile: alle Organe
Heilwirkung: –
Herkunft: Europa, Nordasien
Gefährlichkeit: ☠

3 1

Koloquinte Kürbisgewächse
Citrullus colocynthis (L.) Schrad. *Cucurbitaceae*

Zur Gattung *Citrullus* gehören vier Arten, manche von ihnen, so die Wassermelone *(C. vulgaris)*, mit zahlreichen Varietäten. Das Entwicklungszentrum der Arten liegt in den Trockengebieten des tropischen und südlichen Afrikas, des südlichen Mittelmeergebiets und Indiens. Die Koloquinte *(C. colocynthis)* (Abb. 1) stammt aus den afrikanischen Tropen und hat sich nach Südeuropa und Ostindien verbreitet. Wildwachsend ist sie in dürren Steppen und Halbwüsten zu finden. Für pharmazeutische Zwecke wird sie auch angebaut. In ihrem ursprünglichen Verbreitungsgebiet ist die Koloquinte eine mehrjährige Pflanze, in mehr nördlich gelegenen Regionen, z. B. in Europa, ist sie einjährig und nicht zur Überwinterung fähig. In Mitteleuropa blüht sie von August bis September und reift im Oktober, daher kann sie nur im Gewächshaus gehalten werden. Der niederliegende Stengel ist bis 2 m lang und rauhhaarig. Die männlichen und die weiblichen Blüten haben gelbe Kronblätter. Die Frucht (Abb. 2) ist ziemlich groß, vor der Reife hellgrün, in der Reifezeit gelb und grüngelb gestreift und enthält zahlreiche Samen. Das Fruchtmark ist trocken, schmeckt bitter und stinkt. *C. colocynthis* enthält in den Früchten physiologisch aktive, glykosidisch gebundene Bitterstoffe (Cucurbitacine) sowie einen stark bitteren Stoff, wahrscheinlich ein Alkaloid. Die übrigen Pflanzenteile enthalten viel weniger Giftstoffe. In den Wurzeln wurden auch giftige Saponine gefunden. Zu Vergiftungen kommt es heute nur noch bei Überdosierung von koloquinthaltigen Arzneien, die als natürliches, drastisches Abführmittel verwendet werden. Der Saft einer anderen Melonenart, *C. lanatus*, dient afrikanischen Eingeborenen zur Zubereitung von Pfeilgift.

Wirksame Substanz:
Cucurbitacine und Saponine
Giftige Teile: Früchte
Heilwirkung: als Abführmittel
Herkunft: die afrikanischen Tropen
Gefährlichkeit: (X)

2
1

Herbstzeitlose
Colchicum autumnale L.

Liliengewächse
Liliaceae

Die Herbstzeitlose *(C. autumnale)* (Abb. 1) ist vermutlich in Vorderasien und im subtropischen Afrika beheimatet gewesen. Von dort ist sie auch nach Mitteleuropa vorgedrungen. Die Herbstzeitlose ist bei uns auf feuchten, bisweilen überschwemmten Wiesen zu finden. Die Gattung *Colchicum* besteht aus 65 Arten einschließlich der mitunter abgetrennten Gattung *Bulbocodium* (Frühlingslichtblumen). Sie sind in Europa, dem Mittelmeergebiet, in Zentralasien und Indien beheimatet. Die Herbstzeitlose, eine mehrjährige Art, hat eine tief in der Erde steckende Wurzelknolle. Stets findet man alte Knollenreste und die neue Knolle nebeneinander (Abb. 2). Die Herbstzeitlose blüht von September bis Oktober. Die Blütenröhren ihrer 1—3 Blüten stecken zu mehr als der Hälfte ihrer Länge in der Erde. Sie sind hell-lila gefärbt. Der dreifächerige oberständige Fruchtknoten befindet sich tief in der Erde. Im Frühjahr erscheinen 4—5 ganzrandige Blätter und in ihrer Mitte am Boden die dreifächerige, länglich eiförmige Spaltkapselfrucht (Abb. 3a, b). Sie ist etwa 4—5 cm lang und enthält dunkelbraune, fast kugelige Samen. In allen Organen der Pflanze, besonders in der Samenschale (0,6 %) kommt Colchicin sowie einige weitere Alkaloide vor. Colchicin ist ein starkes Zellgift, das in die Kernteilung (Mitose) eingreift. Bei warmblütigen Organismen ist die Giftigkeit um ein Vielfaches höher als bei kaltblütigen. Die Vergiftungssymptome äußern sich wie folgt: Sodbrennen, Erbrechen, heftiger blutiger Durchfall, Blut im Harn, unerträglicher Durst, starker Temperaturrückgang. Zum Tod durch Kollaps oder Atemlähmung kann es etwa 30 Stunden nach der Vergiftung kommen. Die tödliche Colchicin-Dosis für den Erwachsenen beträgt 70 mg. Weidende Rinder und Pferde meiden die Herbstzeitlose, betroffen werden nur Jungtiere. Ziegen und Schafe sind widerstandsfähiger, ihre Milch ist jedoch, wenn die Tiere Herbstzeitlose im Futter hatten, ebenfalls giftig. Colchicin, aber öfter das weniger toxische Demecolcin wird in der Behandlung von Tumoren eingesetzt. Colchicin ist auch in der Zellforschung von Bedeutung.

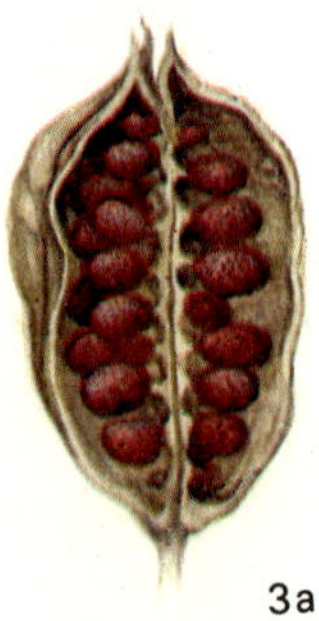

3a

Wirksame Substanz:
Colchicin (Alkaloid)
Giftige Teile: Blüte, Samen, Knollen
Heilwirkung: Gicht und Krebsbekämpfung
Herkunft: Vorderasien, subtropisches Afrika
Gefährlichkeit: ☠

1

3b

2

Gefleckter Schierling Doldengewächse
Conium maculatum L. *Apiaceae*

Die Gattung *Conium* hat nur 2 Arten. In Europa, Asien und Nordamerika kommt der Gefleckte Schierling *(C. maculatum)* (Abb. 1) vor. In Südafrika ist *C. chaerophylloides* zu Hause. Beide Arten wachsen auf Schutt und Abfallplätzen als Unkräuter. Der Gefleckte Schierling ist ein zweijähriges, stark nach Mäusen stinkendes Kraut. Er hat eine weißliche, spindelförmige Wurzel. Der bis 2 m hohe Stengel ist hohl, gefurcht, verzweigt und am Grund purpur gefleckt (Abb. 2). Außerdem ist er mit einer Art blaugrünem Reif bedeckt. Die Blätter sind dreifach gefiedert. Der Schierling blüht von Juni bis September. Die Blüten sind klein und weiß. Die Früchte sind breit eiförmig (Abb. 3). Sie haben 5 Hauptrippen, die deutlich wellig gesäumt sind. Latexkanälchen sind nicht entwickelt, der „Latex" befindet sich in großen Sonderzellen im Inneren der Frucht (Abb. 4). Sämtliche Pflanzenteile dieser Art sind giftig und enthalten Piperidin-Alkaloide, vor allem das unbeständige, flüssige Coniin. Die höchste Konzentration (bis 2 %) ist im unreifen Samen zu finden. Die für den Menschen tödliche Dosis beträgt 0,5 bis 1 g Coniin. Vergiftungserscheinungen äußern sich durch Brechreiz mit Erbrechen, Bauchschmerzen, Gliederstarre, Verlust des Schluck- und Sprechvermögens. Der Tod tritt durch Atemlähmung ein. Zu Vergiftungen führen hauptsächlich Verwechslungen mit Petersilienkraut, Pastinakwurzeln oder Anisfrüchten. Bei weidenden Tieren, namentlich Schweinen und Rindern, sind Schierlingvergiftungen beschrieben, auch Gänse und Enten sind empfindlich, Schafe und Ziegen dagegen weniger. Galenische Schierlingsarzneien in Minimalgaben wurden früher als schmerzstillende, krampflösende Beruhigungsmittel verschrieben. Im Altertum wurden Hinrichtungen gelegentlich durch Schierlingsgift durchgeführt. Sokrates († 399 v. u. Z.) wurde verurteilt, einen Giftbecher zu trinken, der auch Schierling enthielt.

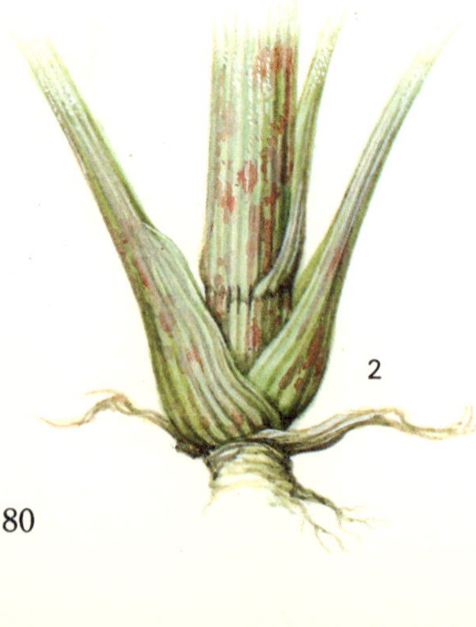

2

Wirksame Substanz:
Coniin
(Piperidin-Alkaloid)
Giftige Teile: alle Organe
Heilwirkung: als schmerzstillendes, krampflösendes Mittel
Herkunft: Europa, Asien, Nordamerika
Gefährlichkeit: ☠

3
1
4

Feldrittersporn — Hahnenfußgewächse
Consolida regalis S. F. Gray — *Ranunculaceae*

Die naheverwandten Gattungen *Delphinium* und *Consolida* sind auf der nördlichen Halbkugel verbreitet. Der Feldrittersporn *(C. regalis)* (Abb. 1) ist in Südeuropa und Kleinasien heimisch. Er kommt auf Äckern und an Feldrainen, vor allem in wärmeren Gegenden und auf kalkreichen Böden vor. Die Art wird in vielen Formen als auffallende Gartenblume gezüchtet. Die einjährige, etwa 30 cm hohe Pflanze hat einen stark verzweigten Stengel. Der Rittersporn blüht von Juni bis September. Die hübschen großen Blüten stehen in armblütigen Endtrauben. Der Kelch ist blauviolett, selten rot oder weiß gefärbt. Das obere Kelchblatt ist heller und läuft in einen Sporn aus. Die vier Kronblätter sind zu einem dreilappigen Blatt verwachsen, das langgespornt im Kelchsporn sitzt (Abb. 2). Die Frucht (eine Balgkapsel) platzt an einer Naht auf (Abb. 3). Die Samen sind dreikantig und sehr klein. Ihre Oberfläche ist mit feinen aufgereihten Schüppchen bedeckt (Abb. 4). Eine einzige Pflanze produziert etwa 400 Samen. Rittersporn enthält giftige Diterpen-Alkaloide, wie sie auch in anderen Hahnenfußgewächsen vorkommen. Isoliert wurden u. a. Delsolin und Delcosin. Mit Ausnahme von Allergien sind keine Schädigungen des menschlichen Organismus durch den Rittersporn bekannt. Von den nordamerikanischen Arten gelten etwa 18 Arten als giftig für Vieh (Pferde und Schafe). Deren Giftigkeit wird den enthaltenen Alkaloiden mit Curare-Wirkung (z. B. Delphocurarin) zugeschrieben. Früher wurde der Feldrittersporn als Heilmittel, z. B. als Diuretikum und Antiparasitikum angewandt.

2

4

3

1

Wirksame Substanz:
Delsolin, Delcosin
(Diterpen-Alkaloide)
Giftige Teile: alle Organe außer der Blüte
Heilwirkung: –
Herkunft: Südeuropa und Kleinasien
Gefährlichkeit: (X)

Maiglöckchen, Maiblume
Convallaria majalis L.

Liliengewächse
Liliaceae

Das Maiglöckchen *(C. majalis)* (Abb. 1) wächst in den gemäßigten Zonen der nördlichen Halbkugel. Die Art ist sehr variabel, manche Autoren unterscheiden sogar mehrere Arten. Die Pflanze gedeiht in großen Beständen in Eichen- und Buchenwäldern. Das Maiglöckchen wird bis 20 cm hoch und ist wohl jedem bekannt. Es ist ausdauernd und alljährlich treibt die Pflanze neu aus. Ende April und im Mai blüht das Maiglöckchen. Die Blüten stehen in einer einseitswendigen, armblütigen Traube, sie sind weiß gefärbt und kugelig-glockig. Die Abb. 2 zeigt eine aufgeschnittene Blüte. Das Maiglöckchen duftet stark und wird gern im Garten angepflanzt. Die ganze Pflanze enthält zahlreiche giftige Glykoside. In der Blüte ist kurz vor dem Blühen der höchste Gehalt an Convallatoxin (0,3–0,4 %) enthalten. Andere Verbindungen sind Convallosid, Majalosid und Convallatoxol. Vom Maiglöckchen sind auch verschiedene chemische Rassen bekannt: in Westeuropa solche, die an Convallatoxol reich sind, in Osteuropa sind convallosidreiche Pflanzen zu finden. Diese Glykoside sind herzwirksam. Vergiftungen treten selten auf, am häufigsten noch bei Kindern, die aus Unkenntnis die roten Früchte essen. Vergiftungserscheinungen äußern sich durch Verdauungsstörungen, erhöhten Harnabgang, Herzschwäche und Kollaps. Todesfälle sind bei Tieren häufiger, vor allem bei Gänsen und Enten, nach Fressen der Blätter bekannt. In der Medizin wird diese wertvolle Heilpflanze bei Fällen nicht zu schwerer Herzschwäche angewendet. Convallaria-Medikamente sind als relativ schnellwirkende Mittel beliebt. In der Kosmetik wird reichlich Gebrauch von den ätherischen Maiblumenölen zur Herstellung von Parfüms und anderen Kosmetik-Erzeugnissen gemacht.

Wirksame Substanz:
Herzglykoside (Convallatoxin u. a.)
Giftige Teile: alle Organe, besonders Blätter
Heilwirkung: bei Herzschwäche
Herkunft: gemäßigte Zonen der nördlichen Halbkugel
Gefährlichkeit: (X)

2
1

Bunte Kronwicke
Coronilla varia L.

Schmetterlingsblütengewächse
Fabaceae

Zur Gattung *Coronilla* zählen etwa 25 Arten, die vom Mittelmeergebiet über Europa bis nach Mittelasien verbreitet sind. Die Bunte Kronwicke *(C. varia)* (Abb. 1) ist eine europäische Art, die z. B. mit Kleesamen auch in andere Kontinente eingeschleppt wurde. Meist verwildert sie dort rasch. Sie bevorzugt wärmere Standorte, z. B. trockene Südhänge und Wegraine. Durch ihre Resistenz gegen Trockenheit wird sie zur Befestigung von Südhängen benutzt, auch als Futterpflanze wird sie in Betracht gezogen. Die Bunte Kronwicke ist eine ausdauernde Pflanze mit einem gegliederten Wurzelstock. Der Stengel ist niederliegend oder aufsteigend, manchmal mehr als 50 cm lang. Die Pflanze blüht von Mai bis September. Die Blüten sind blaßrosa, vereinzelt auch weiß gefärbt, sie stehen in langgestielten Dolden. Die Hülse ist sehr schmal und 3–4 cm lang. Bei der Reife zerfällt sie in Einzelteile. (Abb. 2). Die Pflanze enthält besonders im Blatt und in der Blüte Coronillin und einige andere Glykoside. Diese wirken auf den Herzmuskel und sind ziemlich giftig. Vergiftungen sind aber nur bei Überdosierung des von den Heilpraktikern verschriebenen harntreibenden Kronwickentees bekannt geworden, sie können tödlich verlaufen. Dieser Tee wurde bei Prostatabeschwerden verabreicht. Die Vergiftung äußert sich in Unwohlsein, Durchfall, Muskelkrampf und Herzschwäche.

Wirksame Substanz:
Coronillin (Herzglykosid)
Giftige Teile: Blätter und Blüten
Heilwirkung: bei Herzschwäche
Herkunft: Europa
Gefährlichkeit: X

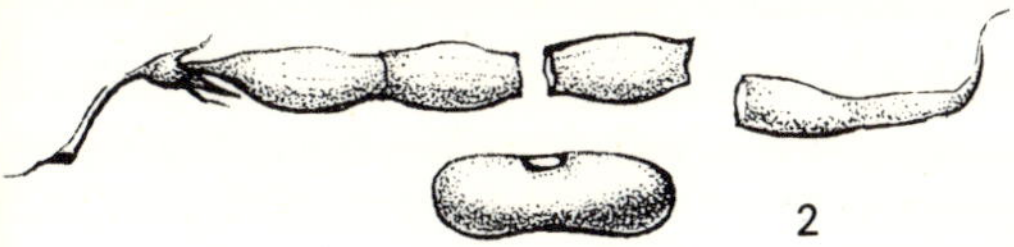

2

1

Hohler Lerchensporn

Corydalis cava (L.) Schweigg. et Koerte

Mohngewächse
Papaveraceae

Die artenreiche Gattung *Corydalis* ist in den gemäßigten Zonen Europas, Asiens und Nordamerikas verbreitet. In Europa kommt u. a. der Hohle Lerchensporn *(C. cava)* (Abb. 1) vor. Die schönen rot-violett oder weiß gefärbten Blüten erscheinen im zeitigen Frühling auf Waldwiesen und in lichten Buchen- und Eichenhainen. Die Pflanze treibt alljährlich je nach Standort von März bis April einen 15 bis 30 cm hohen zweiblättrigen Stengel mit einer endständigen Traube aus. Die Knolle liegt tief in der Erde und ist hohl. Die Blätter sind doppelt dreizählig. Bei der Reife fallen die Klappen der Schote ab und die Samen bleiben an der Scheidewand stehen (Abb. 2). Die Samen sind kugelförmig, schwarz gefärbt, glatt und haben ein fleischiges Anhängsel (Abb. 3). Eine seltenere europäische Art ist der Gefingerte Lerchensporn *(C. solida),* der sich vom Hohlen Lerchensporn nur durch die nicht hohlen Knollen unterscheidet. Der Hohle Lerchensporn enthält in allen Teilen, hauptsächlich aber in der Knolle, Alkaloide. Diese können in drei Gruppen eingeteilt werden, und zwar in Corydalin-, Corycavin- und Bulbocapnin-Alkaloide. Die Alkaloide dieser 3 Gruppen wirken unterschiedlich, die der ersten Gruppe lähmen das Rückenmark, die der zweiten erregen die motorischen Zentren und die der dritten erhöhen die Reflexerregbarkeit. Beim Menschen sind noch keine Fälle von tödlicher Vergiftung bekannt geworden, da die Knolle ja tief in der Erde sitzt. In der Medizin wird Bulbocapnin bei Nervenkrankheiten angewendet. Man benutzt es außerdem beim Studium der Aktivität und Reaktion des Zentralnervensystems.

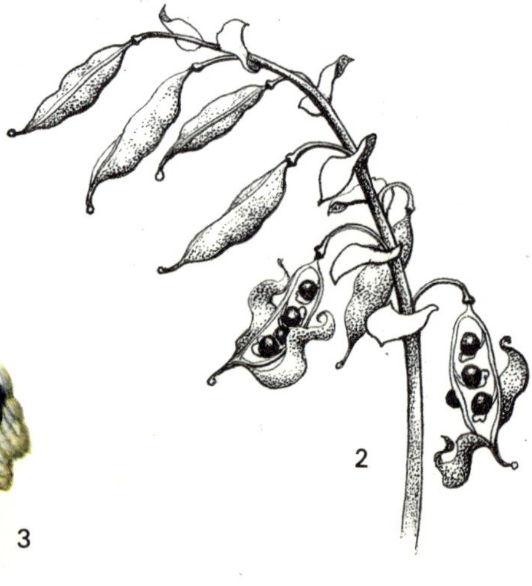

2

3

Wirksame Substanz:
Alkaloide Corydalin, Corycavin, Bulbocapnin u. a.
Giftige Teile: alle Organe, besonders die Knolle
Heilwirkung: bei Nervenkrankheiten
Herkunft: Europa
Gefährlichkeit: **X**

1

Krotonölbaum
Croton tiglium L.

Wolfsmilchgewächse
Euphorbiaceae

Die an die 700 Arten zählende Gattung *Croton* ist pantropisch, also in allen tropischen Gebieten der Welt verbreitet. Nur wenige Arten gedeihen außerhalb dieses Gebietes. Der Krotonölbaum *(C. tiglium)* (Abb. 1) ist in den Tropen Asiens beheimatet, wo er auch angepflanzt wird. Inzwischen wird er aber auch in Afrika angebaut. Die Pflanze wird bis 6 m hoch und hat charakteristisch gekrümmte, schlanke Äste. Die Rinde des Stammes ist grauweiß und die der Äste bräunlich gefärbt. Die Blätter sind langgestielt und eiförmig. Am Ende der Vegetationszeit, vor dem Abfallen sind sie rot gefärbt. Die männlichen Blüten sitzen am Grunde, die weiblichen an der Spitze der Blütentraube. Die männlichen Blüten sind grünlich gefärbt, ihre Staubblätter sind sehr lang (Abb. 2). Der Fruchtknoten der weiblichen Blüten ragt deutlich aus dem Blütenkelch hervor und hat drei tief eingeschnittene Narben (Abb. 3). Die Früchte sind etwa haselnußgroß. Im Öl des Baumes, das durch Auspressen der Samen gewonnen wird, ist das giftige Crotin enthalten. Krotonöl und auch die Samen wurden früher häufig als Arznei benutzt. Durch die hohe Giftigkeit kam es oft zu Unfällen, heute wird die Pflanze kaum noch als Heilmittel genutzt. Vergiftungen sind in den Tropen noch recht häufig. Sie verlaufen sehr rasch tödlich. Nach drastischem Durchfall treten Schädigungen des Gesamt-Metabolismus sowie wichtiger innerer Organe wie Leber und Niere ein. Auch die im Krotonöl enthaltenen Harze sind gefährlich. Bei äußerer Anwendung erzeugen sie schlecht heilende Hautentzündungen. Das Krotonöl war im Mittelalter und bis in die jüngste Zeit ein wichtiges Arzneimittel, wovon zahlreiche erhaltene Samen- und Ölbehälter aus Apotheken zeugen. Das abgebildete Majolika-Gefäß (Abb. 4) stammt aus dem 16. Jh. und zwar aus Antwerpen.

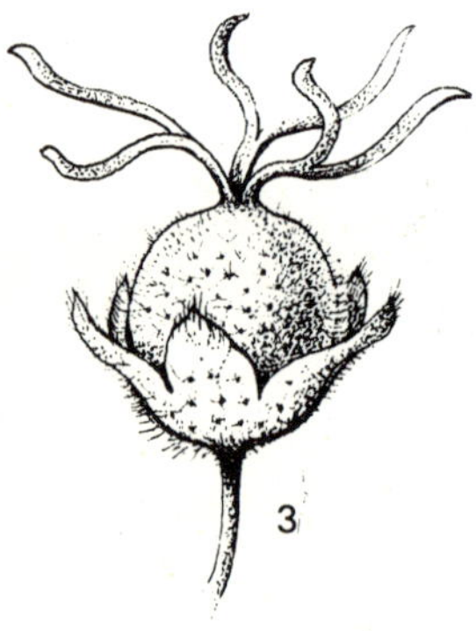

3

4

Wirksame Substanz:
Crotin
Giftige Teile: Öl des Samens
Heilwirkung: –
Herkunft: Tropen Asiens
Gefährlichkeit:

1

2

Gemeiner Besenginster
Cytisus scoparius (L.) Link

Schmetterlingsblütengewächse
Fabaceae

Der gemeine Besengister *(C. scoparius)* (Abb. 1) (Syn. *Sarothamnus scoparius*) stammt aus Westeuropa und ist eine atlantische Pflanze. Er gedeiht bevorzugt an trockenen Berghängen, auf Kahlschlägen und Lichtungen, an Wegrainen und trockenen Buchenwaldrändern; das Klima muß aber atlantisch sein, denn in Gebieten mit kontinentalem Klima (kalte Winter) friert der Besenginster regelmäßig zurück. Dieser 1 bis 2 m hohe Strauch hat rutenförmige, grüne, fast blattlose Zweige. Die Blätter sind klein und fallen meist bald ab. Er blüht von Mai bis Juni. Die kurzgestielten Blüten sind sehr auffallend, sie sind bis 3 cm groß und goldgelb gefärbt. Die Blüte ist charakteristisch geformt: die Fahne ist zurückgebogen, die Flügel sind stumpf, das Schiffchen schwach gekrümmt (Abb. 2). Die Hülse ist länglich und an der Naht behaart (Abb. 3). Der Besenginster enthält in Samen, Blättern und Zweigspitzen Spartein, ein Hauptalkaloid. Vergiftungen kommen selten vor. Sie äußern sich durch Brechreiz, Erbrechen und Durchfall, kalte Schweißausbrüche sowie Allgemeinschwäche, Atemnot und Krämpfe. Bisweilen führen sie zum Erstickungstod. In der mittelalterlichen Heilkunde wurde die Droge als Abführ- und harntreibendes Mittel benutzt. Heute wird medizinisch hauptsächlich reines Spartein als Wehenmittel verwendet, daneben auch mit Erfolg als Antiarrhythmikum zur Regelung der Herztätigkeit.

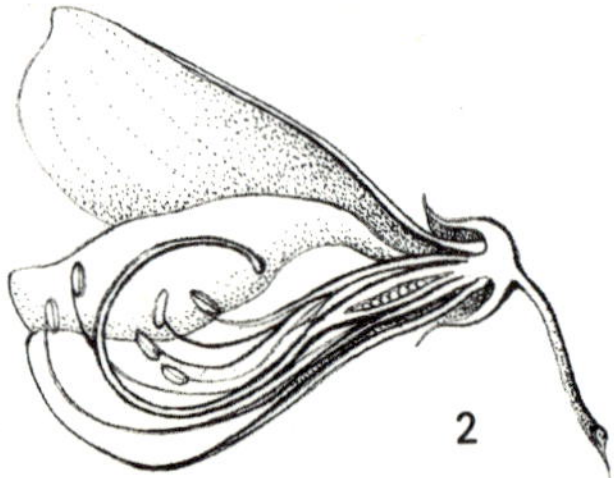

2

3

1

Wirksame Substanz:
Spartein (Alkaloid)
Giftige Teile: Samen, Blätter und Zweigspitzen
Heilwirkung: als Wehen- und Herzmittel
Herkunft: Westeuropa
Gefährlichkeit: †

Gemeiner Seidelbast
Daphne mezereum L.

Seidelbastgewächse
Thymelaceae

Die Gattung *Daphne* umfaßt etwa 50 in Europa, Asien und Nordafrika heimische Arten. Der Seidelbast *(D. mezereum)* (Abb. 1) kommt von Europa bis nach Sibirien vor. Er wächst in lichten und warmen Laub- und Mischwäldern, und kann eine Höhe von 150 cm erreichen. Der Strauch blüht zeitig im Frühjahr, manchmal schon im Februar, vor dem Blattaustrieb. Die stark duftenden, rosaroten Blüten entspringen den Achseln abgefallener, vorjähriger Blätter. Die Blüte hat 4 Kelchblätter, die gefärbt sind, Kronblätter fehlen (Abb. 2). Die sattrote Steinfrucht (Abb. 3) enthält die ölhaltigen, großen, braunen Samen. Der Rosmarin-Seidelbast *(D. cneorum)* (Abb. 4) ist ein bis 40 cm hoher Strauch, der sich vom Gemeinen Seidelbast u. a. durch die überwinternden Blätter unterscheidet. Er trägt dunkelrote, wohlriechende Blütendolden, auch ist er stark giftig. Beide Seidelbastarten sind beliebte Zierpflanzen. In sämtlichen Pflanzenteilen, vor allem in den roten Früchten, ist das giftige Diterpen Mezerein enthalten. Vergiftungen kommen besonders bei Kindern vor, die die Früchte essen. Bereits 10—12 Beeren können tödlich wirken. Vergiftungssymptome äußern sich durch bitteren Geschmack im Mund, übermäßige Speichelbildung, Koliken, blutigen Durchfall, schmerzhaftes Urinieren und Blut im Harn, durch Muskelkrämpfe und Atemnot. Der Tod tritt durch Kollaps ein. Auch leichtere Vergiftungen führen durch Nierenschädigung zu ernsten Komplikationen. Äußerlich führt Mezerein zu Blasenbildung und Hautentzündungen. Bei Tieren kommt es selten zu Vergiftungen, da sie den Strauch wegen seines bitteren Geschmacks meiden. Heute wird der Seidelbast nicht mehr als Heilmittel genutzt. Früher wurde ein Alkoholextrakt als Einreibmittel bei rheumatischen Schmerzen angewandt.

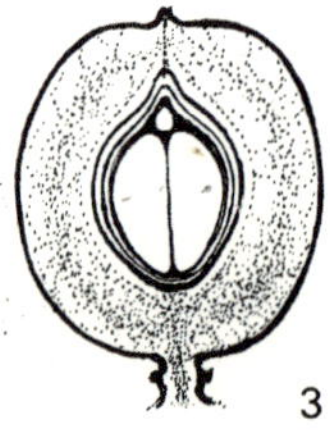

3

4

1

2

Wirksame Substanz:
Mezerein
Giftige Teile: Früchte und Bast der Rinde
Heilwirkung: –
Herkunft: Europa, Asien, Nordafrika
Gefährlichkeit:

Baum-Stechapfel
Datura arborea L.

Nachtschattengewächse
Solanaceae

Die Heimat der baumförmigen Vertreter der Gattung *Datura* (Stechapfel) sind die tropischen Gebiete Mittel- und Südamerikas. Sehr auffallend bei diesen Arten sind die großen hängenden Blüten. Wegen dieser Blütenpracht werden *Datura*-Arten nicht nur in den Tropen, sondern auch in der gemäßigten Zone kultiviert. Die durch mehrfache Kreuzung entstandenen Kulturpflanzen können kaum noch auf die ursprünglichen Arten zurückgeführt werden. Der Baum-Stechapfel *(D. arborea)* (Abb. 1) wurde erstmals 1714 von Louis Feuillée beschrieben und auf seiner Abbildung beruhte Linné's Beschreibung. Diese Art stammt aus Mittelamerika. Oft wird der Name *D. arborea* auch für andere, aus Peru und Chile stammende Arten, wie z. B. für den Reinweißen Stechapfel *(D. candida)* und den Wohlriechenden Stechapfel oder Engelstrompete *(D. suavevolens)* angewandt. Der Baum erreicht eine Höhe über 3 m. Die Stämme sind am Grunde grob warzig und bräunlich, der obere Teil und die Zweigenden sind grün und krautig. Die zahlreichen, recht großen Blätter sind zumeist am Rand gekerbt und dicht netznervig. Die meisten Arten haben mehr oder weniger dicht behaarte Blätter. Typisch sind auch die mehr als 25 cm langen, hängenden weißen Blüten, die eine weit geöffnete Krone haben. Die Beeren (Abb. 2) enthalten flache, nierenförmige Samen. Diese keimen bei uns schlecht, daher vermehrt man die Pflanzen verläßlicher durch Stecklinge. Das Verbreitungsgebiet der meisten *Datura*-Baumarten zeigt die Abb. 3. Prächtig blühen auch der Blutrote Stechapfel *(D. sanguinea)* und *D. rosei*, beide rot sowie eine orangefarbene Rasse der Engelstrompete *(D. suaveolens)*. In sämtlichen Arten der baumförmigen Vertreter sind in allen Teilen die Tropan-Alkaloide (vorwiegend Scopolamin) enthalten. Besonders giftig sind Blätter, Früchte und Samen. Die Indios benutzen die Pflanzen als Rauschmittel für rituelle Zeremonien. Vergiftungen sind ernst und verlaufen ähnlich wie bei der Tollkirsche *(Atropa bella-donna)*. Manche *Datura*-Arten werden in Mittel- und Südamerika sowie im karibischen Gebiet in Plantagen gezogen.

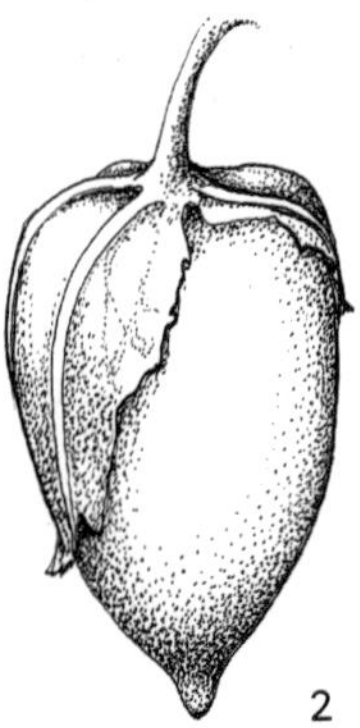

2

Wirksame Substanz:
Scopolamin und andere Alkaloide
Giftige Teile: alle Organe
Heilwirkung: –
Herkunft: Mittelamerika
Gefährlichkeit: †

1

3

Gemeiner Stechapfel
Datura stramonium L.

Der Gemeine Stechapfel *(D. stramonium)* (Abb. 1) stammt ursprünglich aus dem südlichen Nordamerika, hauptsächlich Mexiko und wurde erst in der zweiten Hälfte des 16. Jh. von den Spaniern nach Europa gebracht. Wo es die klimatischen Verhältnisse gestatten, gedeiht der Gemeine Stechapfel als typische Ruderalpflanze auf Schutt- und Abfallplätzen, als Unkraut in der Nachbarschaft menschlicher Behausungen überall auf der Welt. Die einjährige Art blüht vom Sommer bis in den Herbst und erreicht manchmal eine Höhe von mehr als 1 m. Die Blätter sind dunkelgrün gefärbt und gezähnt. Die Blüten werden bis 10 cm lang und haben eine verwachsene weiße Krone. Der Kelch ist röhrenförmig aufgebläht. Die dornige Kapsel platzt von oben nach unten auf, sie ist vierklappig (Abb. 2). Vom Gemeinen Stechapfel kommen vier Varietäten vor, die sich in der Blütenfarbe sowie durch die Oberfläche der Kapseln unterscheiden. Eine Varietät wurde früher als selbständige Art Unbewehrter Stechapfel *(D. inermis)* (Abb. 3) beschrieben. Auch die Kapseln anderer einjähriger *Datura*-Arten, z. B. *D. innoxia* (Abb. 4) und *D. ferox* (Abb. 5) sind sehr charakteristisch. Besonders in Blatt und Samen sind Tropan-Alkaloide (besonders L-Hyoscyamin) enthalten. Scopolamin kommt nur in geringen Mengen vor. Vergiftungen verlaufen wie bei der Tollkirsche *(Atropa bella-donna)*. Häufig vergiften sich Kinder durch Essen der Samen. Der Gemeine Stechapfel ist eine wichtige Heilpflanze. Die Blätter sind Bestandteil der Antiasthma-Zigaretten. Man isoliert auch die Alkaloide dieser Pflanze, allerdings benutzt man dazu häufiger den Arabischen Stechapfel *(D. metel)* und *D. innoxia*, da diese einen höheren Gehalt aufweisen.

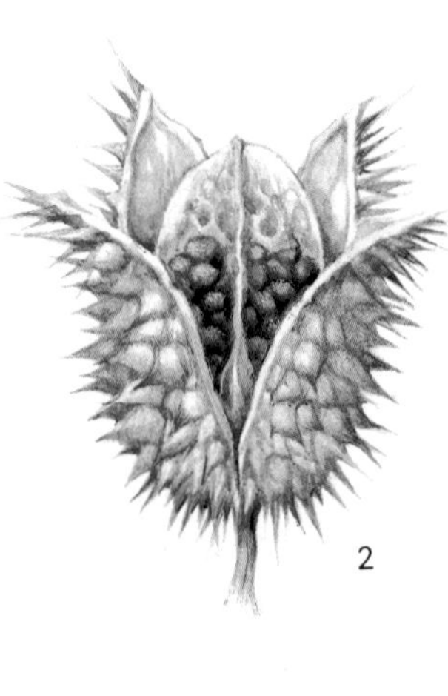

2

4

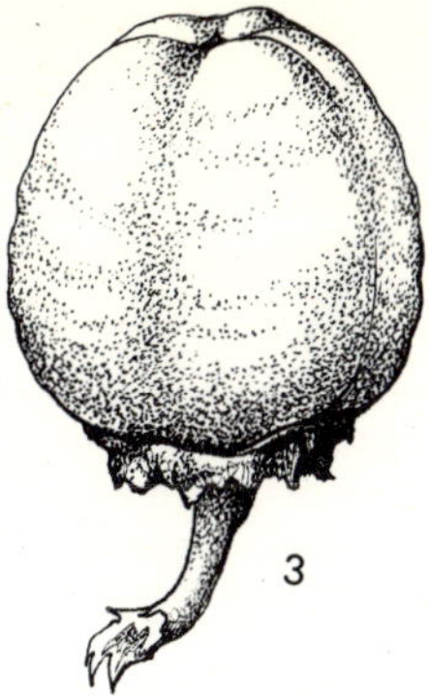

3

1

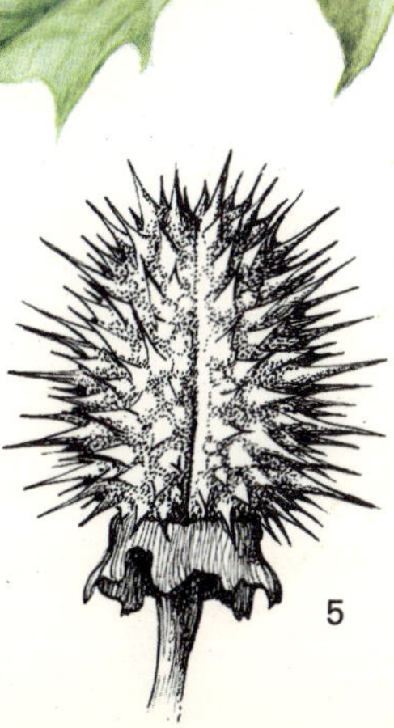

5

Wirksame Substanz:
L-Hyoscyamin (Tropan-Alkaloid)
Giftige Teile: alle Organe
Heilwirkung: bei Asthma-Beschwerden
Herkunft: südliches Nordamerika
Gefährlichkeit: †

Flammendes Herz — Mohngewächse

Dicentra cucullaria (L.) Bernh. — *Papaveraceae*

Die Gattung *Dicentra* mit ihren 17 Arten hat zwei Entwicklungszentren, viele Arten kommen aus Nordamerika und andere aus Ostasien (China). Eine einzige Art ist aus Ostafrika beschrieben worden. Das Flammende Herz *(D. cucullaria)* (Abb. 1) ist zusammen mit der kanadischen Art *D. canadensis* in Nordamerika beheimatet. Beide Arten gehören zur Frühjahrsflora lichter Waldungen und Weideplätze und wachsen mitunter nebeneinander. Das Flammende Herz ist ausdauernd und wird 20 bis 100 cm hoch. Der Wurzelstock ist knollig. Die Blätter sind stark geteilt und graugrün. Die Pflanze blüht von April bis Mai. Der Blütenstand ist eine einseitige Traube, die Blüten sind kurzgestielt. Die beiden Kelchblätter fallen bald ab, die beiden äußeren Kronblätter sind groß, halbherzförmig, die beiden inneren unscheinbar. In Mitteleuropa ist das Tränende Herz *(D. spectabilis)* (Abb. 2) allgemein bekannt. Diese Art stammt aus China und ist in mehreren Formen als Zierpflanze sehr beliebt. Die Blüten sind rosa, herzförmig (Abb. 3). Alle Arten enthalten giftige Alkaloide. In *D. spectabilis* kommen u. a. Sanguinarin und Protopin vor. *D. cucullaria* und *D. canadensis* enthalten, besonders in den jungen Trieben, Cucullarin. *D. cucullaria* ist giftiger, da neben dem Cucullarin noch weitere, allerdings weniger erforschte Alkaloide vorkommen. In den Vereinigten Staaten kommen regelmäßig Vergiftungen von Rindern, besonders im Frühjahr, vor, da dann der Alkaloidgehalt des *Dicentra*-Krautes am höchsten ist. Die meisten schweren Fälle sind aus den Gebirgsregionen Virginias bekannt. Die Vergiftungssymptome erscheinen etwa 2 Tage nach der ersten Weide: Muskeltremor, Schaum um das Maul, Erbrechen und schwere Atemnot. Auch wenn die meisten Tiere die Erkrankung überstehen, sind lange Genesungszeiten und damit verbundene geringe Gewichtszunahme die Folge. Ähnlich giftig ist *D. formosa,* die an der Pazifikküste Nordamerikas von Britisch-Kolumbien bis Kalifornien gedeiht. Die indianischen Medizinmänner gebrauchten *Dicentra* gegen Zahnschmerzen und Darmparasiten.

2

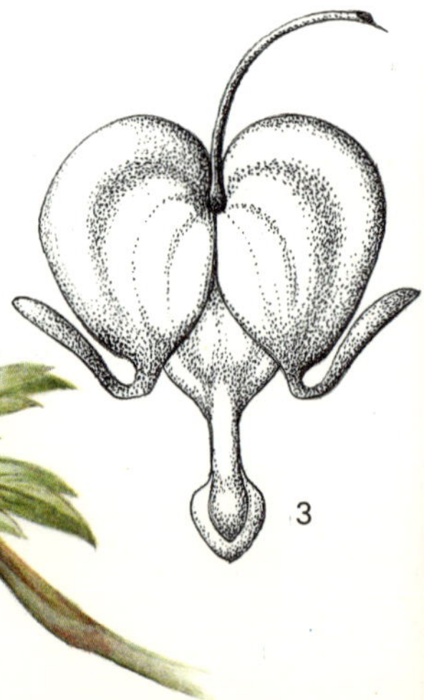

3

Wirksame Substanz:
1. *D. cucullaria:* Cucullarin (Alkaloid)
2. *D. spectabilis:* Sanguinarin und Protopin (Alkaloide)

Giftige Teile: 1. junge Triebe
2. besonders die Wurzel

Heilwirkung: –

Herkunft: 1. Nordamerika
2. China

Gefährlichkeit: *D. cucullaria:* **X**
D. spectabilis: **X**

1

Diptam

Dictamnus albus L.

Rautengewächse

Rutaceae

Der Diptam *(D. albus)* (Abb. 1) ist in Mittel- und Südeuropa heimisch. Bei uns ist er sehr selten und steht unter Naturschutz. Diese wärmeliebende Art gedeiht bevorzugt in trockenen, lichten, warmen Wäldern und an Waldrändern auf lockeren Kalkböden. Als Zierpflanze ist der Diptam in größeren Steingärten beliebt. Die stattliche, bis 1 m hohe Pflanze hat einen tief in der Erde steckenden Wurzelstock. Der Stengel steht aufrecht. Die unpaarig gefiederten Blätter erinnern an die der Esche. Die duftenden, mit Drüsen versehenen, endständigen Blütentrauben öffnen sich von Mai bis Juni. Die Blüten sind rosafarben, purpurrot geädert oder auch weiß. Sie sind fünfzählig und haben dünngestielte Staubblätter, die auffällig aus der Blüte herausragen (Abb. 2). Die Kapselfrucht setzt sich aus 5 Bälgen zusammen (Abb. 3). Diese Bälge platzen an der Innenseite auf. Die innere Schicht der Fruchtwand springt von der härteren äußeren ab, krümmt sich und wird mitsamt dem Samen aus den Bälgen herausgeschleudert. Der Diptam enthält giftige Alkaloide, z. B. Dictamnin, ferner Saponine und ein nach Zitrone duftendes ätherisches Öl, das bei empfindlichen Personen ernste Hautentzündungen hervorrufen kann. Die Blasen und Hautausschläge sind, ähnlich wie bei der Raute *(Ruta graveolens)* ebenfalls aus der Familie der Rautengewächse, noch lange sichtbar. In der Volksheilkunde wurde blühendes Diptamkraut früher für Abtreibungen benutzt. Das führte auch zu tödlichen Vergiftungen. Diese äußern sich in schweren Darm- und Nierenentzündungen und Schwächung des Organismus. Der Tod tritt durch Stillstand der Herztätigkeit ein.

2

Wirksame Substanz:
Dictamnin (Alkaloid), Saponine und ätherisches Öl
Giftige Teile: Blätter, Blüten, Früchte
Heilwirkung: –
Herkunft: Mittel- und Südeuropa
Gefährlichkeit: †

3

1

Roter Fingerhut
Digitalis purpurea L.

Braunwurzgewächse
Scrophulariaceae

Das Entwicklungszentrum der mehr als 20 Arten der Gattung *Digitalis* liegt in Europa, hier vor allem in Südeuropa. Eine Ausnahme bildet der Rote Fingerhut *(D. purpurea)* (Abb. 1), der eine atlantische Pflanze ist und daher in Westeuropa vorkommt. Er gedeiht in mittleren Höhen an Waldrändern und auf Kahlschlägen, meidet Kalkböden. Die mehr als 1 m hohe zweijährige Pflanze bildet im ersten Vegetationsjahr eine dichte Blattrosette aus. Dann überwintert sie, und im nächsten Jahr treiben ein oder mehrere blütentragende Stengel aus, auf denen die einseitswendige Blütentraube steht. Der Rote Fingerhut blüht im Juni bis Juli. Die Blütenblätter sind verwachsen und fingerhutförmig. Die Krone ist meist purpurrot gefärbt und hat dunklere, festumrissene Flecken im Blütenschlund. Die Endblüten sind einst gegenüber den anderen radiär-symmetrisch (Pelorie, Abb. 2). Eine weitere Art ist *D. ferruginea* (Abb. 3). Alle Fingerhutarten sind giftig. Der Rote Fingerhut enthält giftige herzwirksame Glykoside. Eine Mischung von etwa 30 Glykosiden ist von dieser Pflanze bekannt. Am gründlichsten erforscht und in der Medizin verwendet wird Digitoxin (und sein Genin) sowie u. a. Gitaloxin. Zu Vergiftungserscheinungen kommt es hauptsächlich bei Patienten, die langfristig mit *Digitalis*-Glykosiden behandelt werden. Bei längerer Benutzung reichern sich nämlich diese Glykoside im Körper an und ihr Gehalt kann die gefährliche Grenze übersteigen. Vergiftungssymptome sind Verdauungsstörungen, Farbsichtstörungen sowie eine unregelmäßige Herztätigkeit, Atemnot. Todesfälle sind durch Stillstand der Atmungstätigkeit bekannt. Tiere, die Fingerhut oder mit ihm verunreinigtes Heu gefressen haben, sind ähnlichen Vergiftungserscheinungen ausgesetzt. Die Fingerhutarten, besonders aber der auf dem Balkan verbreitete Wollige Fingerhut *(D. lanata)*, sind unersetzlich für die Gewinnung von Herzmitteln. Der englische Arzt W. Withering führte 1775 den Roten Fingerhut in die Medizin ein.

2

Wirksame Substanz:
Digitoxin und weitere herzwirksame Glykoside
Giftige Teile: alle Organe, besonders die Blätter
Heilwirkung: wichtiges Mittel bei Herzschwäche
Herkunft: Westeuropa
Gefährlichkeit: †

3
1

Gemeiner Wurmfarn Wurmfarngewächse
Dryopteris filix-mas (L.) Schott *Aspidiaceae*

Die artenreiche Gattung *Dryopteris* hat eine kosmopolitische Verbreitung, der Gemeine Wurmfarn *(D. filix-mas)* (Abb. 1) wächst vor allem auf der nördlichen Halbkugel. Er kommt an allen feuchteren, beschatteten Standorten, z. B. in Buchenwäldern, vor. Dieser ausdauernde Farn besitzt ein mächtiges Rhizom. Auf humusreichen Waldböden können die Wedel über 1 m hoch werden. Das Rhizom ist mit schwarzbraunen Schuppen bedeckt. Die Wedel sind einfach gefiedert, ihre Stiele mit rostbraunen Schuppen bedeckt. Auf den Blattunterseiten befinden sich die Sori (Abb. 2). Dieses Häutchen schützt die eigentlichen Sporangien (s. schematischer Blattquerschnitt Abb. 3). Jeder Sorus enthält zahlreiche gestielte Sporangien, die in der Reifephase (Juni bis September) aufplatzen und die Sporen ausstoßen. Aus ihnen keimen zarte grüne Blättchen, der Vorkeim (Prothallium), der an der Unterseite die Geschlechtsorgane (Antheridien und Archegonien) trägt. Aus der befruchteten Eizelle entsteht eine neue Farnpflanze. Der Hauptwirkstoff dieses Farns sind Filicin und Filmaron. Daneben gibt es noch eine Reihe weiterer Bestandteile. Sie finden sich bevorzugt im Rhizom und in den Blattbasen. Der Gehalt der Giftstoffe ist im Sommer am höchsten. Vergiftungssymptome sind Brechreiz mit Erbrechen, gelbe Farbsicht, Lähmung des Zentralnervensystems und vorübergehende Erblindung. In schweren Fällen kann es zur dauernden Erblindung kommen, auch ernste Gehörschäden sind beschrieben. Bei tödlicher Vergiftung tritt der Tod durch Starrkrampf oder durch Stillstand der Atmung ein. Vergiftungen sind selten, bekannt sind nur Fälle bei Überdosierung. Die Human- sowie die Veterinärmedizin verwendet den ätherischen Rhizom-Extrakt in Verbindung mit einem Abführmittel als Mittel gegen Bandwürmer. Der Extrakt beschädigt die Haut des Bandwurms, bewirkt dessen Muskellähmung, so daß er die Darmwand losläßt und mit dem Abführmittel aus dem Körper getrieben wird. Wichtig ist die genaue Einhaltung der vom Arzt verschriebenen Dosierung. Heute werden vorwiegend andere, synthetische Arzneien verwendet. Auch verwandte *Dryopteris*-Arten werden als wurmabtreibende Mittel gebraucht (z. B. in Südafrika). Auch der Adlerfarn *(Pteridium aquilinum)* wird ähnlich verwendet.

Wirksame Substanz:
Filicin, Filmaron
(Phloroglucinderivate)
Giftige Teile: Rhizom und Blattbasen
Heilwirkung: Wurmmittel
Herkunft: nördliche Hemisphäre
Gefährlichkeit: †

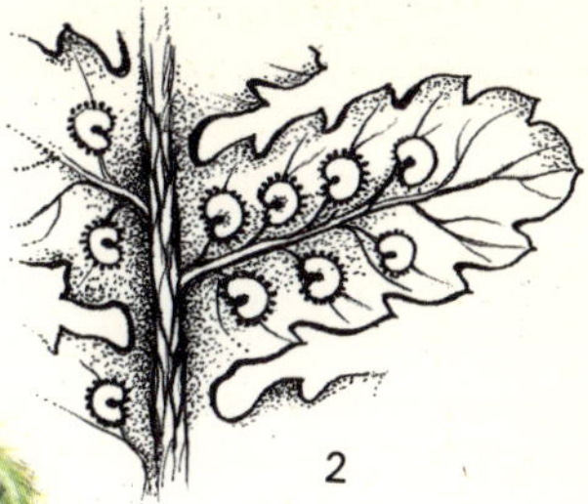

2

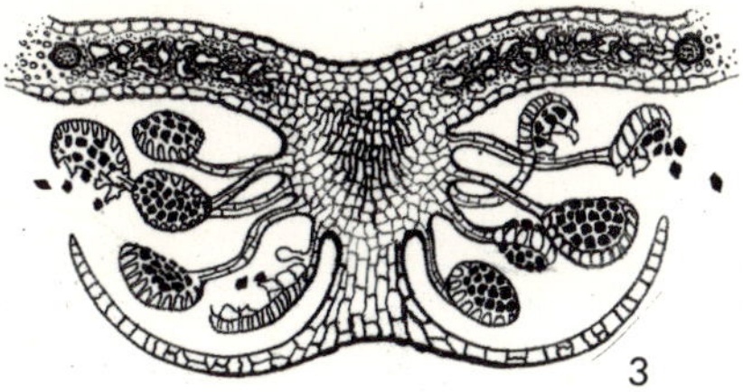

3

1

Duboisie Nachtschattengewächse
Duboisia myoporoides R. Br. *Solanaceae*

Die wenigen Arten der Gattung *Duboïsia* kommen alle in Australien und Neukaledonien vor. Die Duboisie *(D. myoporoides)* (Abb. 1) ist Bestandteil der Pflanzengemeinschaften des australischen Busches, wo sie als Strauch oder kleiner Baum vorkommt. Dieser Strauch oder niedrige Baum wird höchstens 5 m hoch und hat schwache Äste. Die Blätter sind klebrig, 10—12 cm lang und 4—5 cm breit. Die endständigen Blüten sind relativ klein und unauffällig. Der Kelch und die Krone sind fünfzählig (Abb. 2). Die Pflanze blüht weiß. Die Beere (Abb. 3) enthält zahlreiche Samen. Die Abb. 4 veranschaulicht das Verbreitungsgebiet von *D. myoporoides.* Die Pflanze enthält giftige Tropan-Alkaloide, hauptsächlich Scopolamin, und zwar in einer beträchtlichen Menge von 4 bis 5 %. Neben Scopolamin werden weitere Alkaloide wie Hyoscyamin, Piturin, Duboisin u. a. angeführt. Angeblich gibt es geographisch begrenzte chemische Rassen, die entweder mehr Hyoscyamin (in der Umgebung von Sydney) oder Scopolamin (in Queensland) produzieren. Die Wirkung der Tropan-Alkaloide ist hier bereits beschrieben worden *(Atropa belladonna).* Der Scopolamin-Gehalt in der Duboisie bewirkt, daß der Betroffene rasch in eine schwere Narkose fälllt. Bei Rindern sind die gleichen Vergiftungserscheinungen beobachtet worden. Die australischen Eingeborenen nutzen die narkotischen Eigenschaften der Pflanze und kauen die Blätter von *D. hopwodii.* Auch bei ihnen kommt es bei gesteigertem Genuß oder zu Beginn der Sucht zu schweren, häufig tödlichen Vergiftungen. Wegen ihres hohen Scopolamin-Gehalts werden vor allem die Arten *D. myoporoides* und *D. leichardtii* als Rohstofflieferanten für die pharmazeutische Industrie angebaut. Der höchste Giftgehalt ist in den Blättern enthalten. Die meisten Nachtschattengewächse stammen aus Südamerika (so die Gattungen *Solanum, Capsicum, Datura, Nicotiana*). Aus der alten Welt sind kaum Nutzpflanzen aus dieser Familie bekannt. Hier kommen *Atropa, Hyoscyamus* und *Scopolia* vor, alle Giftpflanzen.

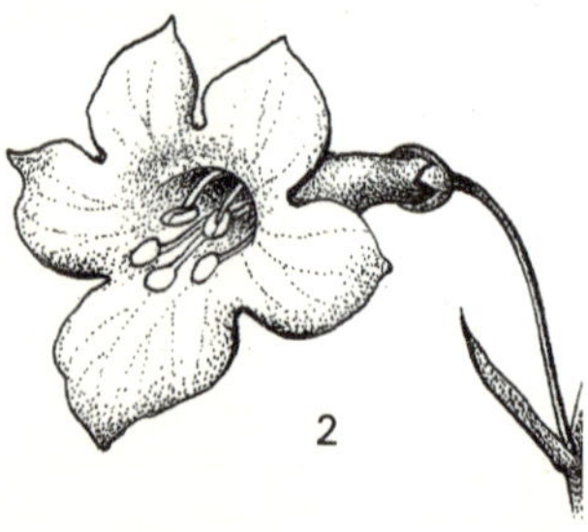

2

4

Wirksame Substanz:
Scopolamin
und andere Tropan-Alkaloide
Giftige Teile: Blätter
Heilwirkung: –
Herkunft: Australien und Neukaledonien
Gefährlichkeit: †

3

1

Wald-Schachtelhalm
Equisetum sylvaticum L.

Schachtelhalme
Equisetaceae

Die Gattung *Equisetum* zählt 32 Arten, von denen 10 in Europa und Asien heimisch sind. Der auf der nördlichen Halbkugel wachsende Wald-Schachtelhalm *(E. sylvaticum)* (Abb. 1) ist in feuchten Wäldern, an Quellen und auf Bergwiesen manchmal bestandsbildend. Der Wald-Schachtelhalm überwintert mit dem verzweigten Wurzelstock, der tief in der Erde steckt. Die rotbraunen Frühjahrstriebe sind fertil, an ihrer Spitze ist die Sporenähre (Sporangiophorstände); sie besteht aus den Sporangiophoren, die sechseckig sind (Abb. 2). An ihrer Unterseite sitzen die Sporenkapseln. Aus den gekeimten Sporen entstehen ein- oder zweigeschlechtliche Vorkeime (Prothallien), auf denen die Geschlechtsorgane zu finden sind. Nachdem die Pflanze gesport hat, wachsen die grünen Sommertriebe aus dem Wurzelstock hervor. Sie haben regelmäßig verzweigte Äste mit zehn und mehr zarten Zweigen. Die hohlen gegliederten Stengel zeigen im Querschnitt den typischen anatomischen Bau mit sklerenchymatischem Rippengeflecht, großen Zwischenrippen-Hohlräumen, dem zentralen Markhohlraum und den kreisförmig angeordneten Gefäßbündeln (Abb. 3). Der Wald-, Sumpf- *(E. palustre)* und Teich-Schachtelhalm *(E. fluviatile)* sind alle giftig. Die Giftigkeit des Wald-Schachtelhalms rührt von Alkaloiden und Kieselsäure her. Außerdem sind noch Saponine enthalten. In jüngster Zeit wurde auch das Thiaminase-Enzym festgestellt, das dem Körper das wichtige Vitamin B_1 entzieht. Beim Menschen sind keine Vergiftungen beschrieben. Vorkommen könnten sie bei Verwechslung des in der Heilkunde häufig verwendeten Acker-Schachtelhalms *(E. arvense)* mit dem Wald-Schachtelhalm. Bei Haustieren, vor allem Pferden, ist die Schachtelhalmvergiftung als Taumelkrankheit bekannt. Sie äußert sich in Unruhe, Muskeltremor (besonders am Kopf), taumelndem Gang und später in völliger, auch zum Tode führender Ermattung. Rinder leiden an starkem Durchfall, Gewichtsverlust, Milchverlust; die Milch ist bitter. Der Wald-Schachtelhalm verliert weder beim Trocknen noch im Gärfutter seine Wirkung. Der Acker-Schachtelhalm wird als Diuretikum angewendet, da die enthaltenen Saponine und Flavo-Glykoside harntreibende Wirkung haben. Wegen seines hohen Kieselsäuregehalts (10 %) wird er auch in der Tuberkulosenbehandlung verwendet.

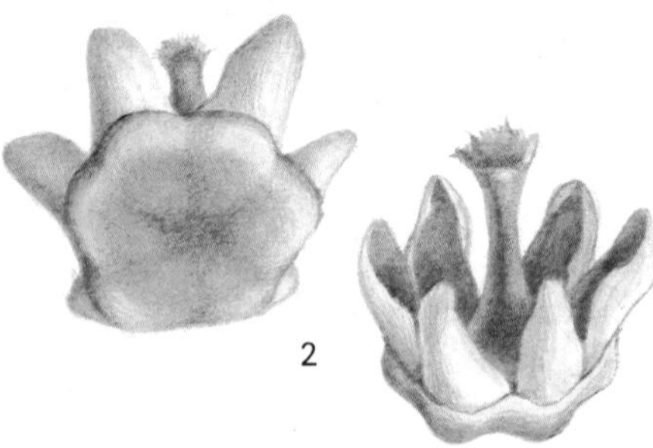

2

Wirksame Substanz:
Alkaloide (Palustrin u. a.), Saponine, Kieselsäure
Giftige Teile: alle Organe
Heilwirkung: bei *E. sylvaticum* keine; *E. arvense* als Diuretikum und bei Tuberkulose
Herkunft: nördliche Hemisphäre
Gefährlichkeit: (X)

3

1

Kokastrauch
Erythroxylum coca Lam.

Rothölzer
Erythroxylaceae

Der Kokastrauch *(E. coca)* (Abb. 1) stammt aus den feuchtwarmen tiefen Tälern der Anden Perus und Boliviens. In diesen Ländern wurde er auch zuerst kultiviert. Heute ist Koka-Zucht in den Tropen anderer Kontinente, z. B. Afrikas (Kamerun) und Asiens (Java) verbreitet. Dieser 1—2 m hohe Strauch hat eine braune Rinde und ein hartes Holz. Die Blätter sind wechselständig und kurzgestielt. Die fünfzähligen Blüten sind grünlich-weiß gefärbt (Abb. 2a, b) und stehen zu 2—5 beieinander. Die reifen Früchte sind rot gefärbt, etwa 1 cm lang und haben nur einen Samen. Der Strauch enthält in seinen Blättern etwa 1 % giftige Alkaloide. Das wichtigste unter ihnen ist Kokain, daneben kommen noch u. a. Cuscohygrin, Tropakokain und Truxillin vor. Das Kokain lähmt die sensitiven Nervenenden und bewirkt örtliche Unempfindlichkeit, daher wird es in der Medizin als Oberflächenanästhetikum und Betäubungsmittel eingesetzt. In einer Dosis von 0,05 g eingenommen, reizt es hingegen das Zentralnervensystem und führt zu euphorischen Zuständen und Halluzinationen. Dies ist der Grund, daß Kokain eines der meistbenutzten Rauschgifte ist. Höhere Gaben erzeugen Krämpfe, Blässe, Angstgefühle, Ohnmacht, Kollaps und können zum Tod durch Stillstand der Atmung und Herztätigkeit führen. Die tödliche Dosis beträgt 1 g. Viele Indios in den Hochlagen der Anden kauen die Kokablätter, die mit etwas Kalk oder Pflanzenasche von *Chenopodium quinoa* vermischt werden, um Hunger und Erschöpfung zu vertreiben. Dies führt natürlich auch zu einer Sucht und zu späteren Gesundheitsschäden. Die Kokablätterbeutel, die „Chuspas" werden von den Indios um den Hals getragen. Sie sind aus Leder hergestellt oder gewebt und meistens bunt verziert. Ebenfalls verziert sind die Kalk- bzw. Aschengefäße. Die alten Inkas bewahrten die für rituelle Zwecke bestimmten Kokablätter in verzierten Keramikgefäßen auf, die oft die Form von Menschenköpfen hatten (Abb. 3).
In Europa wird Kokain heute kaum noch verwendet. Begonnen wurde seine Verwendung vor 100 Jahren (1884), heute ist es durch synthetische Anaesthetica, die keine Sucht hervorrufen, völlig ersetzt. Wenn durch dieses Rauschgift auch nicht so spektakulär viele Todesfälle vorkommen, darf seine Gefährlichkeit nicht unterschätzt werden.

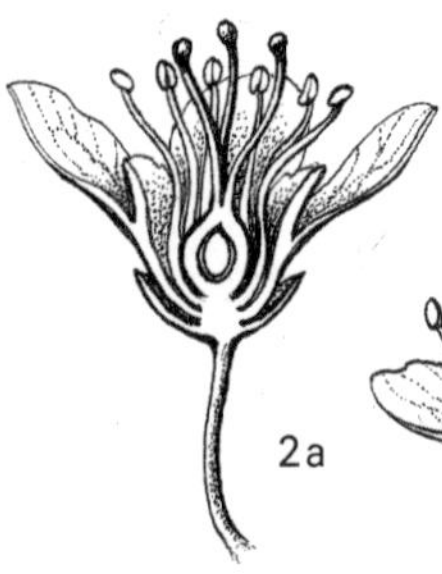
2a

2b

Wirksame Substanz:
Kokain und andere Alkaloide
Giftige Teile: Blätter
Heilwirkung: –
Herkunft: Peru und Bolivien
Gefährlichkeit: ☠

1

3

Pfaffenhütchen Spindelbaumgewächse
Euonymus europaeus L. *Celastraceae*

Die Gattung *Euonymus* ist sehr artenreich. Die meisten der 220 Arten kommen im tropischen Südostasien vor, einige weitere auch in den gemäßigten Zonen Nordamerikas und Europas. Das Pfaffenhütchen *(E. europaeus)* (Abb. 1) ist in Europa heimisch, es ist im Osten bis zum Kaukasus, der Krim und Westsibirien verbreitet. Der Strauch wächst in humusreichen Wäldern und in Ufergebüschen. Dieser 2 bis 3 m hohe Strauch hat gegenständige, gestielte Blätter. Die jungen Zweige sind deutlich vierkantig. Das Pfaffenhütchen blüht von Mai bis Juli und verströmt dann einen unangenehmen Geruch. Die gestielten, vierzähligen Blüten stehen in Rispen. Die Krone (Abb. 2) ist weißlich-grün gefärbt. Die Kapsel ist hell- bis karminrot gefärbt und erinnert in der Form an das Barett eines katholischen Priesters (Name!). Nach Reifen und Platzen der Frucht (Abb. 3) hängen die Samen an einem Faden heraus (Abb. 4) und werden von Singvögeln verspeist und verbreitet. Das Pfaffenhütchen enthält in allen Organen giftige, chemisch noch unzureichend bekannte Alkaloide sowie Glykosidverbindungen (Evonosid) mit relativ schwacher *Digitalis*-Wirkung. Die Samen enthalten Glyzerintriacetat, das abführende Wirkung hat. Praktisch sämtliche Arten der Gattung *Euonymus* sind giftig. Eine Vergiftung äußert sich 12—16 Stunden nach Genuß mit heftiger Entzündung des Verdauungsapparats, auf die krampfartiger Durchfall folgt. Weitere Begleiterscheinungen sind Kreislaufstörungen, Erbrechen, kalter Schweiß und Lethargie. Vergiftungen mit tödlicher Folge kommen meistens bei Kindern nach dem Genuß der Früchte vor. Das Pfaffenhütchen (seine getrockneten und pulverisierten Früchte) wurde früher äußerlich gegen Läuse und Krätze angewandt.

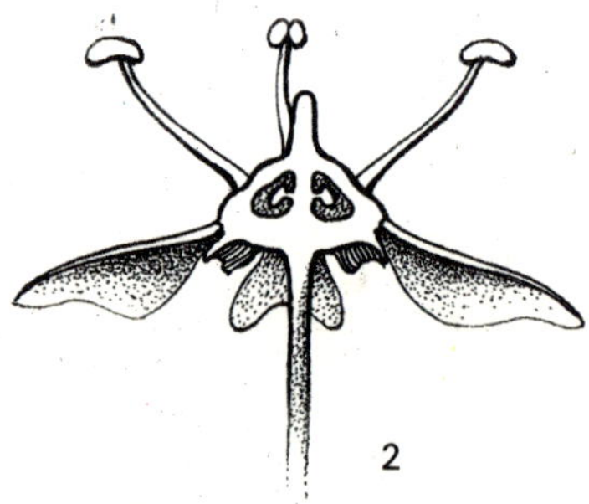

2

3

Wirksame Substanz: Alkaloide und Glykoside
Giftige Teile: alle Organe
Heilwirkung: –
Herkunft: Europa, Westsibirien
Gefährlichkeit: ☠

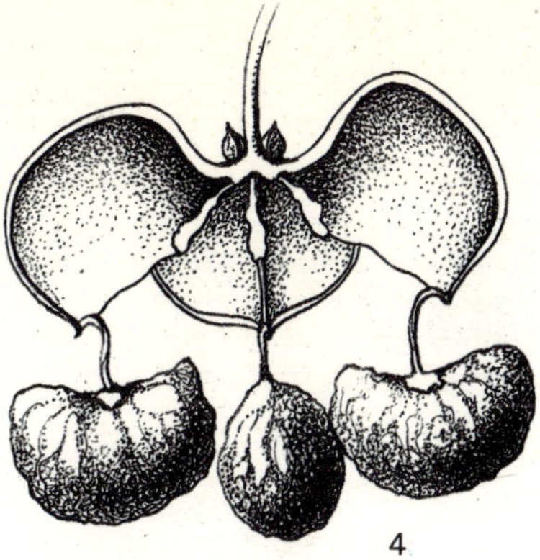

4

1

Zypressen-Wolfsmilch *Euphorbia cyparissias* L.

Wolfsmilchgewächse *Euphorbiaceae*

Nur wenige andere Gattungen sind so artenreich wie die Gattung *Euphorbia* (Wolfsmilch). Es sind ungefähr 1600 Arten bekannt, die meistens in warmen und subtropischen Regionen vorkommen. Morphologisch sind sie sehr unterschiedlich: es gibt sukkulente, krautige und holzige Arten. Trotz ihres verschiedenartigen Aufbaus ist ihnen allen die Giftigkeit gemeinsam; werden die Pflanzen verletzt, so läuft ein weißer, giftiger Milchsaft heraus. Die Zypressen-Wolfsmilch *(E. cyparissias)* (Abb. 1) ist eine europäische Art, sie wächst praktisch überall an sonnigen und trockenen Standorten. Die Pflanze ist ausdauernd und hat einen holzigen Wurzelstock. Sie wird bis 30 cm hoch. Die Zypressen-Wolfsmilch blüht von Mai bis Juli. Der Blütenstand, das Cyathium, ist charakteristisch für die Gattung. Er täuscht eine Zwitterblüte vor und besteht aus zahlreichen, zu einem Staubblatt verkümmerten, männlichen Blüten, die um eine weibliche Blüte angeordnet sind. Die Blüten der vielstrahligen gelben Trugdolde bestehen aus fünf Staubblättern und einem Stempel, fünf verwachsenen Deckblättern und vier randständigen Honigblättern (Abb. 2a, b). Oft kann man die Zypressen-Wolfsmilch mit ungewöhnlichem Wuchs und mit verunstalteten Blättern finden, dann ist sie vom Erbsenrost befallen (Abb. 3), für den sie ein Zwischenwirt ist. Der giftige Milchsaft enthält das Lakton Euphorbon sowie das unerforschte Euphorbin. Er wirkt stark hautreizend und blasenbildend, ist gefährlich, wenn er ins Auge kommt, da er die Hornhaut angreift, Geschwüre erzeugt und das Sehvermögen ernstlich bedroht. Beim Menschen ruft Wolfsmilchgenuß Erbrechen, Darmkoliken, Kreislaufstörungen, Wahnvorstellungen hervor und führt zu Kollaps. Bei schweren Fällen besteht schlechte Heilungsaussicht. Auch wenn die Tiere auf der Weide Wolfsmilch meiden, sind Vergiftungen von Pferden, Rindvieh und Ziegen bekannt. In der Heilkunde wird *E. cyparissias* nicht mehr verwandt. Früher wurde die Pflanze gegen Warzen, Hühneraugen und Sommersprossen benutzt.

2a

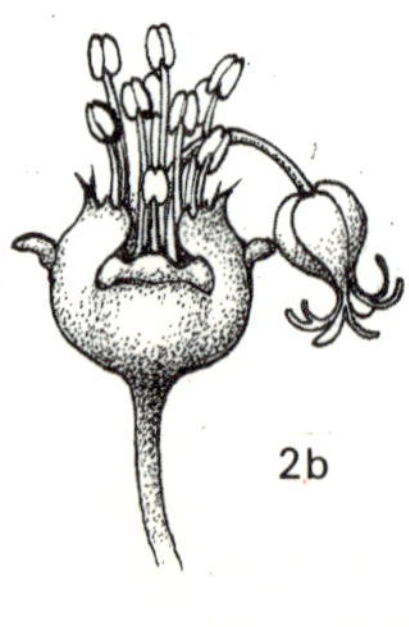

2b

Wirksame Substanz: Euphorbon und Phytotoxin
Giftige Teile: alle Organe
Heilwirkung: –
Herkunft: Europa
Gefährlichkeit: †

3

1

Gelber oder **Carolina-Jasmin** — Logangewächse

Gelsemium sempervirens (L.) Ait. — *Loganiaceae*

Der Gelbe Jasmin *(G. sempervirens)* (Abb. 1) stammt aus dem subtropischen Gebiet Nord- und Mittelamerikas, so z. B. aus der Küstenregion Floridas. Er wächst in Ufergebüschen und wird als duftender, immergrüner Lianenstrauch in Parkanlagen gepflanzt. Der Wurzelstock ist verzweigt, 2 bis 4 cm dick, und hat zahlreiche Wurzeln und Ausläufer. Die rankenden Stengel sind rotbraun, die Blätter immergrün, gegenständig, oberseitig glänzend und sehr dekorativ. Die Pflanze blüht von März bis April. Die einzeln oder zu dritt stehenden Blüten sind relativ groß (2 bis 4 cm lang), fünfzählig und gelb gefärbt (Abb. 2). Die Blüten duften angenehm nach Jasmin. Die braune, spitz auslaufende Spaltkapsel (Abb. 3) enthält zahlreiche geflügelte Samen. Die ganze Pflanze, vor allem aber ihr Wurzelstock, und die jungen blühenden Triebe enthalten die stark giftigen Alkaloide Gelsemin, Gelsemicin, Gelsedin und Gelsevirin. Sie kommen in einer Menge von 0,1 – 0,5 % vor. Sie wirken alle auf die Nervenzentren – Gehirn und Rückenmark – und führen zu Starrkrampf. Der Tod tritt infolge Lähmung der Atemmuskulatur und Stillstand der Atmung ein. Vergiftungsursachen sind zumeist Überdosierung von Arzneien, in denen diese Alkaloide enthalten sind. In den Vereinigten Staaten sind Todesfälle von Kindern bekannt, die den Nektar aus den duftenden Blüten gesaugt hatten. Auch die Veterinär-Toxikologie beschreibt tödliche Vergiftungen bei Vieh (Schafen, Ziegen, Pferden und Schweinen), die Blätter oder Wurzelstöcke der Pflanze gefressen hatten. Ein Extrakt oder eine Tinktur aus dem Wurzelstock sowie die aus dem Wurzelstock isolierten reinen Alkaloide werden bei Neuralgie, Rheuma, chronischem Husten und Asthma verwendet. Auch die in den Subtropen Asiens (China) heimische Art *G. elegans* ist stark giftig. Sie wurde des öfteren für Giftmorde benutzt.

Wirksame Substanz:
Gelsemin, Gelsemicin, Gelsedin, Gelsevirin (Alkaloide)
Giftige Teile: alle Organe, besonders der Wurzelstock und die jungen, blühenden Triebe
Heilwirkung: bei rheumatischen Schmerzen und Asthma
Herkunft: Nord- und Mittelamerika
Gefährlichkeit: ☠

3
2
1

Gottes-Gnadenkraut
Gratiola officinalis L.

Braunwurzgewächse
Scrophulariaceae

Die Gattung *Gratiola* umfaßt etwa 20 Arten, die alle in den gemäßigten Zonen oder im tropischen Gebirge heimisch sind. Das Gottes-Gnadenkraut *(G. officinalis)* (Abb. 1) wächst in Mittel- und Südeuropa und reicht in Asien bis nach Westsibirien. Es liebt feuchte und schlammige Böden und kommt an Ufersäumen und im Röhricht vor. Die Pflanze ist bei uns sehr selten. Das Gottes-Gnadenkraut, eine bis 40 cm hohe, ausdauernde Pflanze, hat einen kriechenden Wurzelstock. Der Stengel ist hohl und oben vierkantig. Die Blätter sind kreuzgegenständig, lanzettlich und gesägt. Die Pflanze blüht von Juni bis August. Die langgestielten, einzelstehenden Blüten sind etwa 1 cm lang, weiß gefärbt und rot geädert (Abb. 2), die Zipfel können auch rötlich sein. Die Spaltkapsel ist eiförmig und vierfächerig (Abb. 3). Die Pflanze enthält Gratiolin und Elaterinid (Glykoside), daneben tritt Gratiosid auf. Die genannten Wirkstoffe reizen die Verdauungs- und Ausscheidungsorgane, sind in kleinen Gaben abführend und harntreibend, in größeren stark giftig. Bei Menschen, vor allem bei schwangeren Frauen, sind tödliche Vergiftungen und Abortus beschrieben worden. Eine Vergiftung äußert sich durch Unwohlsein, Störungen des Sehvermögens, Erbrechen, Darm- und Nierenkoliken, blutigen Durchfall und Krämpfe. Die Herztätigkeit wird geschädigt und der Tod tritt durch Stillstand der Atmung ein. Bei Tieren sind infolge des seltenen Vorkommens des Krautes auf Weideplätzen nur leichte, keine tödlichen Vergiftungen bekannt. Wegen des hohen Giftgehalts wird das Gottes-Gnadenkraut in der Medizin heute nur noch vereinzelt genutzt. Im Mittelalter galt das Gottes-Gnadenkraut als wertvolle Heilpflanze und fand als Abführ- und harntreibendes Mittel sowie für Schwangerschaftsabbruch Verwendung.

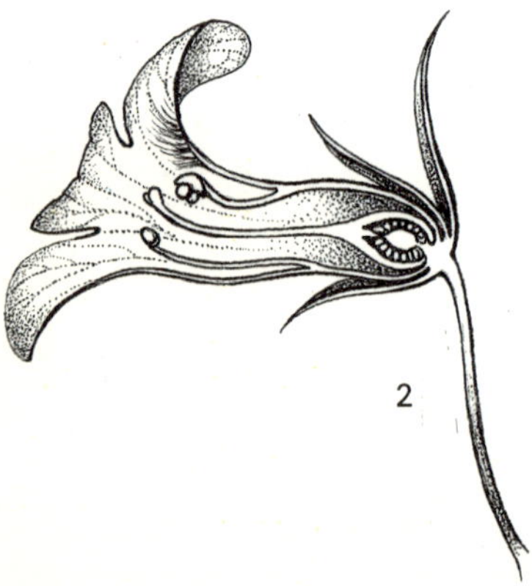

2

Wirksame Substanz:
Gratiolin und Elaterinid (Glykoside). Gratiosid (Cucurbitacin) u. a.
Giftige Teile: alle Organe
Heilwirkung: bei Gicht und als Abführmittel
Herkunft: Mittel- und Südeuropa bis Westsibirien
Gefährlichkeit: †

3

1

Schwarze Nieswurz, Schneerose, Christrose

Hahnenfußgewächse

Helleborus niger L.

Ranunculaceae

Das Entwicklungszentrum der Gattung *Helleborus* liegt im Mittelmeergebiet, in Kleinasien und im Kaukasus. Die Schwarze Nieswurz *(H. niger)* (Abb. 1) kommt bei uns wildwachsend auf den kalkreichen Böden der Voralpen und Alpen vor. Durch ihren Blätterschmuck und wegen ihrer winterlichen Blüte ist die Pflanze zu einer beliebten Zierpflanze geworden. Die Schwarze Nieswurz wird etwa 30 cm hoch und ist ausdauernd. Ihr Wurzelstock ist sehr kräftig und schwarzbraun gefärbt. Die Blätter sind handförmig geteilt, die Grundblätter immergrün. Die Schwarze Nieswurz blüht von Dezember bis März, die zweihäusigen Blüten stehen in armblütigen, endständigen Blütenständen und sind 6 bis 8 cm groß. Die Kelchblätter sind weiß gefärbt und rötlich, die Kronblätter sind in gelbgrüne, trichterförmige Honigblätter umgewandelt (Abb. 2). Die Bälge (Abb. 3) enthalten die eiförmigen Samen (Abb. 4). Während des Verblühens treiben bereits die neuen Blätter, die in Sommer und Herbst üppige Büschel bilden. Sämtliche Nieswurzarten – bei uns kommen noch zwei weitere vor – sind giftig. Sie enthalten herzwirksame Glykoside vom Bufadienolid-Typus, vor allem Hellebrin und dessen Aglykon Hellebrigenin. Auch stereoides Sapogenin wurde isoliert. Bereits im Mittelalter wurden Wurzelstockextrakte für Giftmorde verwendet, allerdings auch als fragwürdiges Heilmittel für Geisteskranke. Bei Kindern, die Nieswurzsamen gegessen haben, sind Todesfälle bekannt. Auch kommen schwere Vergiftungen nach Genuß der Milch von Haustieren, die Nieswurz gefressen hatten, vor. Die Symptome äußern sich durch Sodbrennen, Speichelfluß, Brechreiz und Erbrechen, schmerzhaften Durchfall, Ohrensausen, Sehstörungen, unregelmäßigen Puls und Bewußtlosigkeit. Der Tod kann durch Stillstand der Herztätigkeit oder Starrkrampf der Atmungsorgane eintreten. Nieswurzsaft wirkt äußerlich hautreizend und blasenbildend. Der pulverisierte Wurzelstock erzeugt Niesreiz (Name!). Auch beim weidenden Vieh sind Vergiftungen von Pferden, Rindern, Schafen und Ziegen beschrieben worden. In beschränktem Maße verwendet die Heilkunde reines Hellebrin als gut verträgliches Herzmittel bei Tachykardie und Herz-Dekompensation.

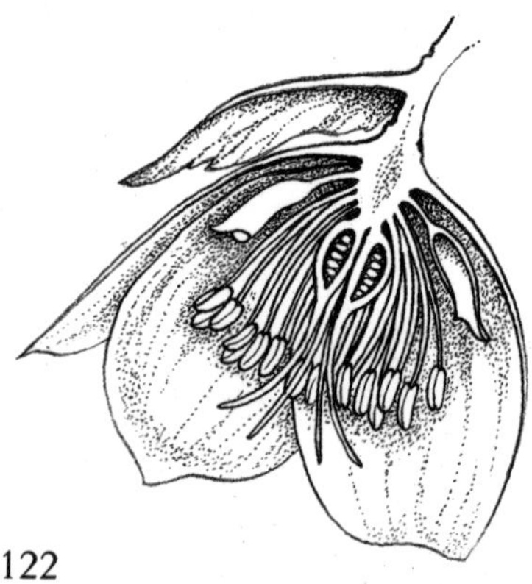

2

Wirksame Substanz: Hellebrin (Herzglykosid)
Giftige Teile: alle Organe, besonders das Rhizom
Heilwirkung: als Herzmittel
Herkunft: südliches Mitteleuropa und Südeuropa
Gefährlichkeit: †

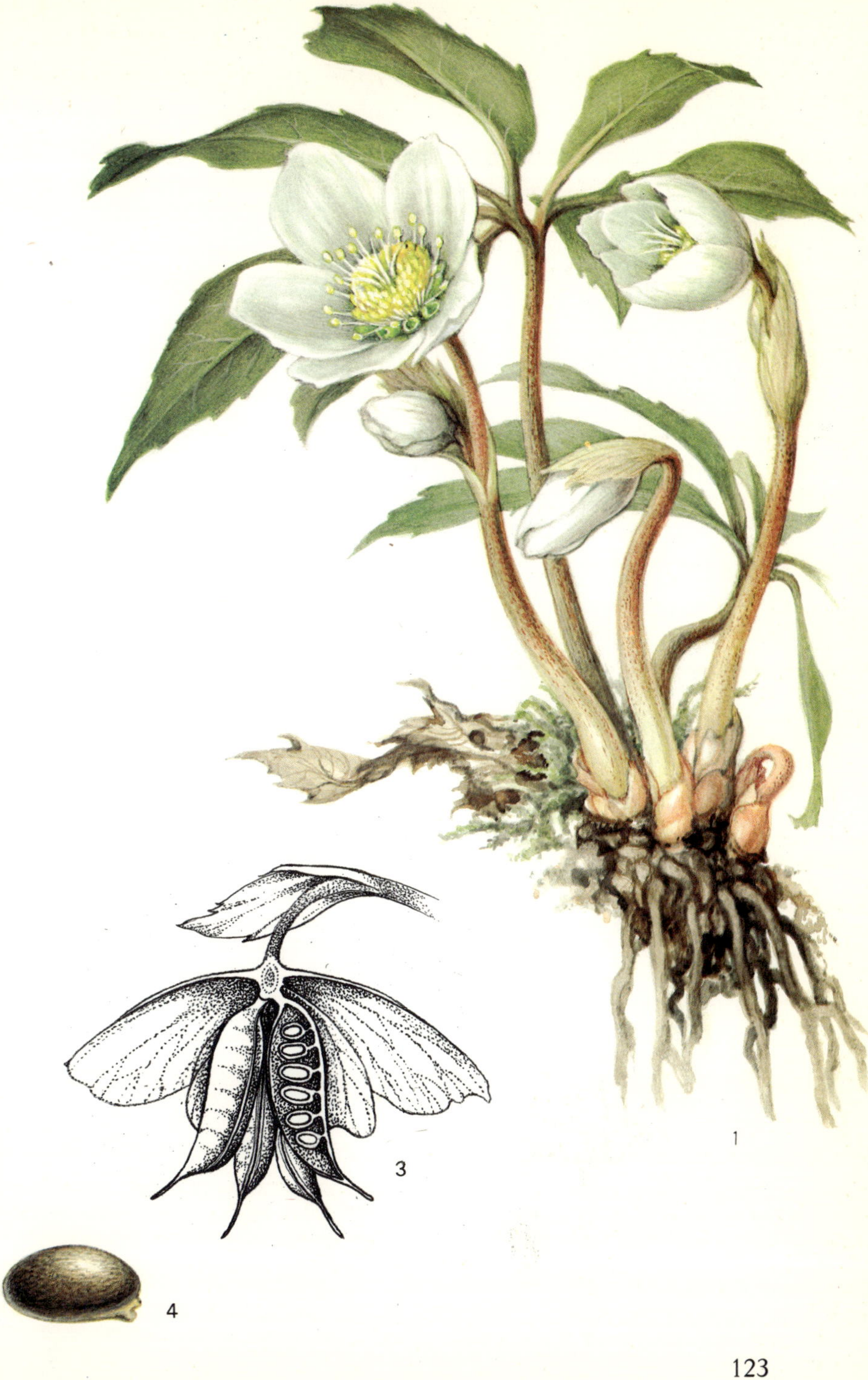

1

3

4

Kanadische Orangewurz Hahnenfußgewächse
Hydrastis canadensis L. *Ranunculaceae*

Die Kanadische Orangewurz *(H. canadensis)* (Abb. 1) wächst im Unterholz schattiger Bergwälder der östlichen Regionen Kanadas und der Vereinigten Staaten (Abb. 2). Sie wurde auch im Nordwesten der USA kultiviert, da die ursprünglichen Standorte durch intensives Sammeln stark dezimiert worden waren. Versuche mit Orangewurz-Züchtung sind auch aus Europa bekannt, wohin die Heilpflanze erst im ausgehenden vorigen Jahrhundert gelangte. Diese ausdauernde und sehr langsam wachsende Pflanze wird etwa 30 cm hoch. In der Regel ist nur eines der Blätter voll entwickelt, es ist fünflappig und hat einen gesägten Blattrand. Die Blüten erscheinen von Mai bis Juni, die Einzelblüte ist endständig und zweihäusig. Der dreizählige Kelch ist weiß oder rosa gefärbt, er fällt früh ab. Die Kronblätter fehlen. Die Beeren enthalten nur einen einzigen Samen (Abb. 3), sie bilden aber Sammelfrüchte (Abb. 4). Die Pflanze enthält die giftigen Alkaloide Berberin (3 %), Hydrastin (1,5–4 %), Canadin (1 %) und Berberastin. Diese Stoffe werden häufig in Arzneien verwendet, bei Überdosierung solcher Mittel kann es zu Vergiftungen kommen. Weniger häufig sind Tiervergiftungen auf der Weide. Hydrastin bewirkt in größeren Dosen Starrkrämpfe, ähnlich wie das Strychnin *(Strychnos nux-vomica)*. Es lähmt die Herztätigkeit sowie die Atmung. Berberin wirkt in kleinen Dosen als Bitterstoff, in größeren reizt es das Zentralnervensystem und führt zur Lähmung der Atmungs- und Bewegungszentren. Die Pharmazie verwendet einen Extrakt aus dem Wurzelstock oder die reinen isolierten Alkaloide, die als blutstillende Mittel bei postnatalen Blutungen sowie bei starker Menstruation als schmerzstillende Mittel verwendet werden. Besonders das Alkaloid Hydrastin ist hier wirksam. Bei den Medizinmännern der Indianer spielte die Pflanze eine wichtige Rolle als Arznei gegen Schüttelfrost, Leber- und Magenkrankheiten sowie als blutstillendes Mittel.

Wirksame Substanz: Berberin, Hydrastin, Canadin und Berberastin (Alkaloide)
Giftige Teile: alle Organe, besonders aber das Rhizom
Heilwirkung: blutstillendes Mittel
Herkunft: östliche Regionen Nordamerikas
Gefährlichkeit: X

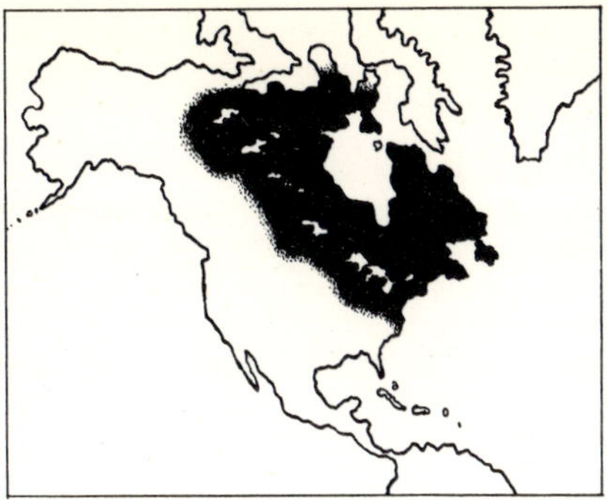

2

1

Schwarzes Bilsenkraut Nachtschattengewächse
Hyoscyamus niger L. *Solanaceae*

Ursprünglich kam das Schwarze Bilsenkraut *(H. niger)* (Abb. 1) in Europa, West- und Mittelasien, Nordafrika bis nach Indien vor. Heute ist es fast über die ganze Welt verbreitet. In verschiedenen Regionen wird es kultiviert und hat sich dort, wo es eingeschleppt wurde, auch eingebürgert. Es bildet Unkrautbestände auf Schutt- und Abfallplätzen und kommt an Wegrainen und Feldrändern vor. Die Pflanze ist einjährig und häufiger zweijährig. Der Stengel ist über 50 cm hoch, klebrig und zottig behaart. Die Blätter sind gelappt, die unteren gestielt, die oberen stengelumfassend. Das Schwarze Bilsenkraut blüht von Juni bis September. Die Blüten sind trichterförmig, schmutzig-gelb gefärbt und violett geädert, selten sind sie reinweißgelb ohne Zeichnung. Im Kelch steckt die zweikammrige, etwa 1,5 cm lange Deckelkapselfrucht (Abb. 2). Sie enthält viele nierenförmige und braun gefärbte Samen (Abb. 3). Sämtliche Organe dieser Pflanze sind stark giftig, vor allem die Blätter und Samen haben einen hohen Giftanteil. Sie enthalten Tropan-Alkaloide (0,04 – 0,08 %), besonders L-Hyoscyamin und Scopolamin. Noch giftiger ist die nordafrikanische Art *H. muticus,* sie enthält 0,5 – 1,4 % Alkaloide, besonders L-Hyoscyamin. Aus diesem Grund wird *H. muticus* in einigen Staaten kultiviert. Eine Vergiftung durch Tropan-Alkaloide verläuft ähnlich wie bei der Tollkirsche *(Atropa bella-donna).* Hinzuzufügen ist hier, daß eine geheilte Bilsenkrautvergiftung beim Menschen häufig unheilbare (durch den hohen Scopolamingehalt bewirkte) psychische Störungen hinterläßt. Bei Kindern führt bereits der Genuß von 20 bis 30 Samenkörnern zu tödlichen Vergiftungen. Bei Erwachsenen liegt die Dosis bei 100 bis 150 Samen. Bilsenkrautvergiftungen gehen oft mit Doppelsehen, schmerzhaften Krämpfen der Kau- und Nackenmuskeln, mit Wutanfällen und Aggressivität einher. Bei Tieren sind keine Vergiftungen beschrieben. Die Blätter und Samen des Schwarzen Bilsenkrautes wurden im Mittelalter in Lindenholzkästchen aufbewahrt; die hier abgebildeten, rot bemalten und mit einem Wappen verzierten Schatullen stammen aus dem Anfang des 16. Jh. aus Krems an der Donau (Abb. 4).

4

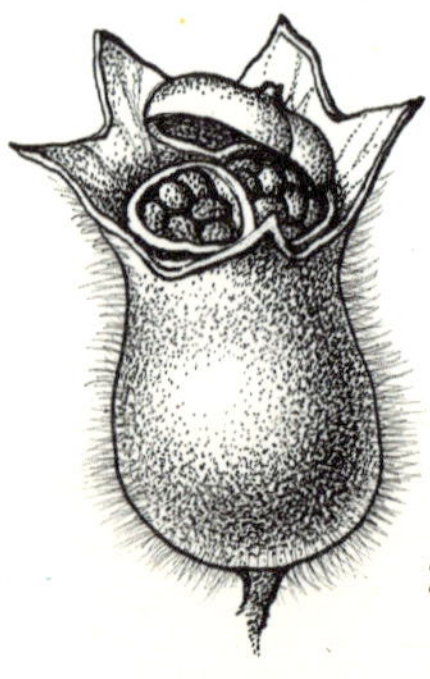

2

3

1

Wirksame Substanz:
L-Hyoscyamin und Scopolamin (Tropan-Alkaloide)
Giftige Teile: alle Organe
Heilwirkung: Rohstoff für pharmazeutische Industrie
Herkunft: Europa, West- und Mittelasien, Nordafrika bis Indien
Gefährlichkeit: ☠

Anis, Sternanis
Illicium anisatum L.

Anisgewächse
Illiciaceae

Die mehr als 40 Arten der Gattung *Illicium* haben zwei Entwicklungszentren, ein asiatisches und ein amerikanisches. In Asien sind die Anis-Arten östlich des Himalaya in China, Korea, Japan und Indonesien verbreitet; in Amerika im Osten Mexikos, im Südosten der Vereinigten Staaten und auf den Karibischen Inseln. Der ursprünglich aus China stammende Anis *(I. anisatum)* (Abb. 1) ist heute in Korea und Japan eingebürgert (Abb. 2), wo er als Friedhofs- und Tempelbaum angepflanzt wird. Rinde und Früchte werden bei Trauerfeierlichkeiten langsam verbrannt und als Weihrauch benutzt. Der bis 10 m hohe immergrüne Baum ähnelt mit seiner weißlichen Rinde und dem schlanken Wuchs einer Pappel. Die Blätter stehen wechselständig, sie sind gestielt und lederartig. Zweige, Blätter und Früchte enthalten zahlreiche Zellen, gefüllt mit ätherischen Ölen. Im Gegensatz zum echten Sternanis riecht *I. anisatum* scharf. Der Baum blüht im April. Die Einzelblüten haben zahlreiche Blütenblätter, wobei die äußeren breiter als die inneren sind. Sie sind gelblichweiß oder grünlich gefärbt. Beim Reifen werden die Balgfrüchte braun, holzig, platzen an der Bauchnaht auf und breiten sich, da sie an den Rändern verwachsen sind, sternförmig aus (Abb. 3) (Name!). Die Früchte der Pflanze sind stark giftig, sie enthalten das Sesquiterpendilacton Anisatin (nach früheren Angaben das Alkaloid Skimmianin), das schwere Entzündungen der Verdauungsorgane, der Nieren und Harnwege hervorruft und bei höheren Gaben das Zentralnervensystem lähmt. Die Vergiftungsursachen liegen zumeist in einer Verwechslung mit Früchten vom Echten Sternanis *(I. verum)*. Der Echte Sternanis ist in den Bergen Südchinas, Vietnams und Indochinas heimisch und wird dort, aber auch anderswo in den Tropen, wegen der aromatischen Früchte in Plantagen angebaut. Die Pflanze wurde erstmals 1588 vom englischen Seefahrer Thomas Cavendish von den Philippinen nach Europa eingeführt, aber erst im 18. Jh. kam dieses Gewürz in Deutschland auf den Markt. In der Medizin des vorigen Jahrhunderts wurden die Früchte des Echten Sternanis unter dem Namen Fructus anisi stellati bei Verdauungsstörungen als verdauungsförderndes, krampfstillendes und Beruhigungsmittel verwendet.

3

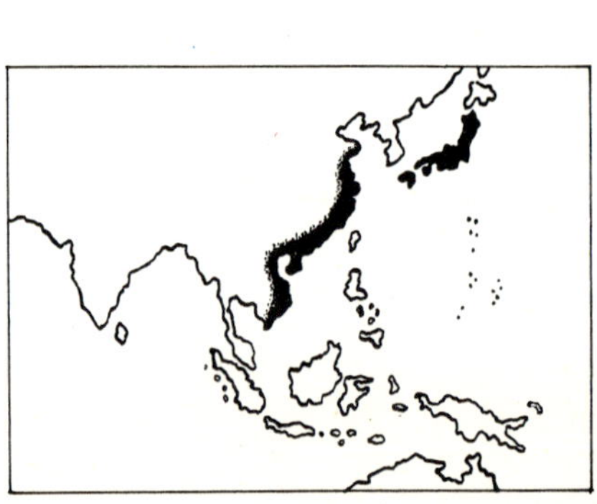

2

1

Wirksame Substanz:
Anisatin
Giftige Teile: Früchte
Heilwirkung: –
Herkunft: China
Gefährlichkeit: X

Sadebaum
Zypressengewächse

Juniperus sabina L.
Cupressaceae

Zur Gattung *Juniperus* (Wacholder) zählen etwa 60 Arten, die auf der nördlichen Halbkugel verbreitet sind. Der Sadebaum *(J. sabina)* (Abb. 1) stammt ursprünglich aus den Gebirgsregionen Europas und Asiens. Er bevorzugt Kalkböden. Heute wird er häufig vor allem auf trockenen Standorten als hübscher Zierstrauch gezogen. Im atlantischen Teil Nordamerikas, um die Großen Seen und in den Rocky Mountains gedeiht *J. horizontalis*, eine Art, die ebenso giftig ist wie der Sadebaum. Dieser meistens strauchartige, ausnahmsweise auch baumartige Wacholder hat ausgebreitete, aufsteigende Zweige. Bei jüngeren Pflanzen sind diese mit nadelförmigen Blättern, bei älteren mit Schuppenblättern bewachsen. Die Blüten sind eingeschlechtlich, ein-, zumeist aber zweihäusig. Die männlichen Blüten sind unscheinbar, die weiblichen haben vier gelbe, ausgebreitete Fruchtblätter. Die Früchte sind schwarzblau gefärbt und enthalten 3 bis 4 Samen (Abb. 2). Der Sadebaum enthält in allen Organen ätherisches Öl. Dieses setzt sich aus unangenehm riechenden Sabinen und Cadinen sowie aus dem wohlriechenden Geraniol, Citronellol u. a. zusammen. Besonders die jungen Triebe enthalten bis 5 % ätherische Öle, 50 % davon bilden die genannten giftigen Wirkstoffe. Sie wirken hautreizend und können Hautentzündungen herbeiführen. Ein eingenommener Aufguß oder ätherisches Öl greifen die Schleimhäute der Verdauungsorgane an und verursachen Erbrechen sowie blutigen Durchfall. Es folgen Krämpfe, Atemnot und Lähmung des Zentralnervensystems. Der Tod tritt bei tiefer Bewußtlosigkeit zumeist in wenigen Tagen, manchmal aber auch später als Folge unheilbarer Nierenentzündung ein. Die giftige Dosis beträgt etwa 1 g Droge oder 6 Tropfen ätherisches Öl. Unter den Tieren sind besonders Wiederkäuer empfindlich, Vergiftungen sind aber verhältnismäßig selten. Das Sadebaumöl wurde früher für Abtreibungen benutzt, was aber sehr gefährlich war.

Wirksame Substanz:
ätherisches Öl
(Sabinen u. a. Bestandteile)
Giftige Teile: alle Organe,
besonders die jungen Triebe
Heilwirkung: –
Herkunft: Europa, Asien
Gefährlichkeit: †

1
2

Gemeiner Goldregen

Laburnum anagyroides Medik.

Schmetterlingsblütengewächse

Fabaceae

Zur Gattung *Laburnum* gehören nur zwei Arten. Der Gemeine Goldregen *(L. anagyroides)* (Abb. 1) ist von Frankreich über die Alpen bis zum Balkan vorgedrungen. Die Pflanze ist heute aber viel weiter verbreitet, da sie sehr oft als Zierstrauch angepflanzt wird. Die zweite Art. *L. alpinum,* hat ihr Verbreitungszentum in den Südalpen, kommt jedoch auch im slowakischen Teil der Karpaten vor. Beide Arten sind wildwachsend in Laubwäldern auf kalkreichen Böden, z. B. in Karstgegenden zu finden. Dieser Strauch oder kleine Baum wird ungefähr 5 m hoch, er hat wechselständige, dreizählige Blätter. Der Goldregen blüht von April bis Mai. Er hat große, hängende, gelbe Blütentrauben. Die Einzelblüte hat den typischen Aufbau einer Schmetterlingsblüte *(Cytisus scoparius).* Ein wichtiges Unterscheidungsmerkmal beider Goldregen-Arten ist die Schote, die bei *L. anagyroides* behaart ist (Abb. 2), *L. alpinum* dagegen hat kahle und grün gefärbte Schoten. Beide Arten enthalten die giftigen Alkaloide Cytisin, Methylcytisin, Laburnin und Laburnamin. Besonders hoch ist der Gehalt in den Samen (bis 3 %) sowie in den Blättern (0,3 %). Vergiftungserscheinungen bei Menschen äußern sich durch Erbrechen, kalte Schweißausbrüche, Krämpfe, erweiterte Pupillen, Wahnvorstellungen und Halluzinationen. Übermäßiger Genuß der Samen führt innerhalb einer Stunde zum Tod. Bei Kindern treten Vergiftungssymptome bereits nach dem Genuß von zwei Samenkörnern auf. Die Veterinär-Medizin kennt Vergiftungen bei Pferden, die sich in Muskelschlaffheit und Störungen der Herztätigkeit äußern und ebenfalls oft zum Tode führen. Bei Rindern, Schweinen und Geflügel sind tödliche Fälle selten.

2

1

Wirksame Substanz:
Cytisin, Methylcytisin, Laburnin und Laburnamin (Alkaloide)
Giftige Teile: alle Organe, besonders Samen und Blätter
Heilwirkung: –
Herkunft: Frankreich über die Alpen bis zum Balkan
Gefährlichkeit: †

Gift-Lattich
Lactuca virosa L.

Korbblütengewächse
Asteraceae

Der Gift-Lattich *(L. virosa)* (Abb. 1) ist wahrscheinlich in Südeuropa mit Ausnahme der Balkanhalbinsel, in Nordafrika und Kleinasien heimisch. In Mitteleuropa scheint diese Lattichart erst infolge ihrer früheren sehr häufigen Verwendung als Heilpflanze angesiedelt worden zu sein. Das ein- oder zweijährige Kraut hat einen bis 1 m hohen Stengel. Am oberen Ende ist er rispenförmig verzweigt. Die Blätter stehen wechselständig, ihr Blattrand ist fein dornig-gezähnt. Die Pflanze blüht von Juni bis September und hat reichblütige Rispen. Jede einzelne Scheinblüte besteht aus etwa 10 zungenförmigen hellgelben Blüten, deren Krone um ein Drittel länger ist als die Hüllblätter (Abb. 2). Die Früchte haben einen fallschirmartigen Fortsatz (Abb. 3). Die Stengel und Blätter dieser Pflanze enthalten einen giftigen weißen Milchsaft, der früher in verdicktem Zustand unter der Bezeichnung Lactucarium germanicum in Apotheken zu finden war. Er enthält vor allem Bitterstoffe wie Lactucin und Lactucopicrin, daneben auch andere, ungenügend bekannte Wirkstoffe. Vergiftungen durch Gift-Lattich entstehen beim Menschen entweder durch Überdosierung, früher auch durch Genuß von Lattichblättern (Verwechslungen mit *L. sativa*). Vergiftungssymptome äußern sich durch Schweißausbrüche, erweiterte Pupillen, Ohrensausen, Sehstörungen, Kopfschmerzen, Schwindelgefühl, Schläfrigkeit sowie in Alpträumen. Tödliche Vergiftungen sind nicht bekannt. Beschrieben sind Vergiftungen von Tieren nach dem Fressen von Gift-Lattich. Früher wurde an manchen Orten, z. B. im Rheinland, der Gift-Lattich zwecks Herstellung von Lactucarium angebaut. Man sammelte den Milchsaft in kleinen Gefäßen und ließ ihn auf einer Holzunterlage trocknen. Dann wurde die Masse zu Klümpchen von etwa 30 g Gewicht geformt. Der Gift-Lattich hat heute seine medizinische Bedeutung völlig verloren. Das abgebildete Majolikagefäß zur Aufbewahrung von Lactucarium germanicum stammt aus dem ausgehenden 16. Jh. Es wurde nach italienischem Muster in einer nordholländischen Manufaktur hergestellt (Abb. 4).

4

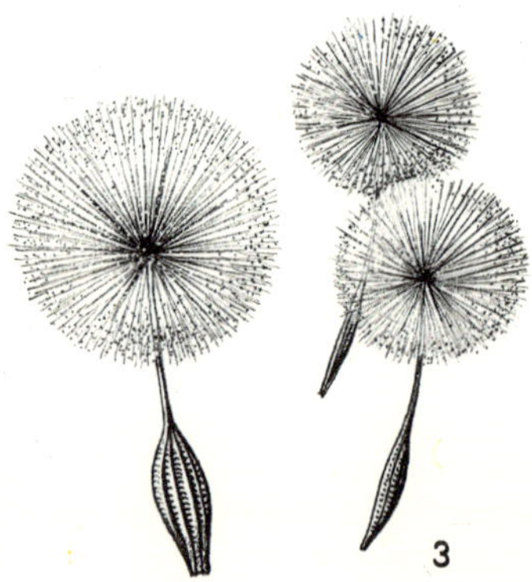

3

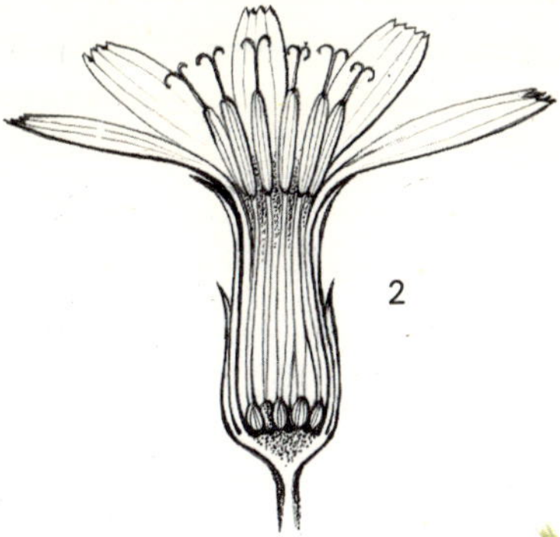

2

1

Wirksame Substanz:
Lactucin und Lactucopicrin (Bitterstoffe)
Giftige Teile: Milchsaft
Heilwirkung: –
Herkunft: Südeuropa, Nordafrika, Kleinasien
Gefährlichkeit: X

Sumpf-Porst
Ledum palustre L.

Heidekrautgewächse
Ericaceae

Der Sumpf-Porst *(L. palustre)* (Abb. 1) gedeiht in der Nadelwaldzone des östlichen Mittel- und Nordeuropas, in Nord- und Zentralasien bis nach Nordkorea und Japan sowie in Teilen von Nordamerika. Die Art wächst in moorigen Wäldern sowie in verheideten Torfmooren. Der Sumpf-Porst ist ein kleiner, etwa 1 m hoher Strauch, dessen junge Triebe rostrot filzig behaart sind. Von seinem Wuchs her ist er unverkennbar. Die Blätter sind immergrün und haben einen eingerollten Rand. Er blüht von Mai bis Juni und hat eine endständige reichblütige Dolde. Die Blüten sind weiß oder zart rosa gefärbt und kräftig wohlriechend. Der Kelch ist fünfzählig, die Kronblätter 0,5 bis 0,8 cm lang, die 10 Staubblätter ragen aus der Blütenkrone heraus (Abb. 2). Die Kapsel ist etwa 0,5 cm lang und öffnet sich von unten (Abb. 3). Die Samen sind spindelförmig und geflügelt (Abb. 4). In allen Pflanzenteilen, vor allem in den Blättern und in den Blüten, ist ätherisches Öl (0,5–3 %) enthalten. Die Giftigkeit dieses ätherischen Öls stammt vom Ledol („Porstkampfer"). Die in der Fachliteratur allgemein angeführte Angabe über den Gehalt der Glykoside Arbutin und Ericolin wird in jüngster Zeit in Zweifel gezogen; dies ist jedoch ohnehin für die Giftigkeit des Sumpf-Porsts nicht entscheidend. Ledol führt zunächst zu Erregungs- und Rauschzuständen, es folgen Erbrechen, Koliken und heftiger Durchfall. Größere Dosen rufen Muskelschmerzen, Schwindelgefühl, Krämpfe und Kollaps hervor. Vergiftungen bei Frauen durch Abtreibungsversuche führten gelegentlich zum Tode. Eine weitere Vergiftungsursache lag darin, daß der Sumpf-Porst früher manchmal dem Bier zugesetzt wurde, um die Rauschwirkung zu erhöhen. Früher wurden Extrakte auch bei rheumatischen Schmerzen, Erkältung, Keuchhusten, Bronchialkatarrh angewandt.

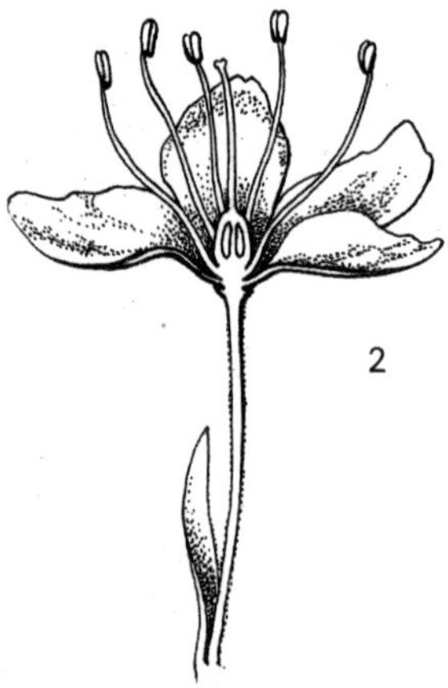

2

Wirksame Substanz: Ledol (Alkohol)
Giftige Teile: alle Organe, besonders Blätter und Blüten
Heilwirkung: –
Herkunft: Nadelwaldzone der nördlichen Hemisphäre
Gefährlichkeit: X

3
4
1

Lobelie (Indian tobacco) Glockenblumengewächse
Lobelia inflata L. *Campanulaceae*

Aus der Gattung *Lobelia* sind etwa 380 Arten beschrieben, die meisten von ihnen stammen aus tropischen und subtropischen Regionen der südlichen Halbkugel. Die Lobelie *(L. inflata)* (Abb. 1) ist in den Oststaaten Nordamerikas heimisch und gedeiht auf Wiesen und Weiden. Auch als Ackerunkraut kommt sie vor. Die einjährige Pflanze wird 50 cm hoch. Der Stengel ist aufrecht, kantig und rauhhaarig, die Blätter stehen wechselständig, sie sind eiförmig bis lanzettlich. Die Lobelie blüht von Juni bis August. Die blaßblauen bis weißlichen Blüten stehen in Ährentrauben. Der Kelch läuft in fünf abstehende spindelartige Zipfel aus. Die Krone ist zweilippig. Die fünf Staubblätter sind zu einer Blütenröhre verwachsen, durch die der Griffel und die Narbe hindurchgehen (Abb. 2). Die lederartige, aufgeblähte Kapsel trägt auch im reifen Zustand die Reste des Blütenkelchs (Abb. 3). Eine ausdauernde verwandte Art ist *L. siphilitica* (Abb. 4), die von indianischen Medizinmännern als Mittel zur Lues-Behandlung empfohlen wurde (Name!). Die Pflanze enthält in allen Organen giftige Alkaloide. Etwa 20 Alkaloide vom Piperidin- und Piperidein-Typus sind bekannt, der Hauptwirkstoff ist das Lobelin. An Nebenwirkstoffen sind u. a. Lobelanin, Lobelanidin zu nennen. Lobelin beeinflußt das Atmungszentrum, in therapeutischen Dosen ist es anregend, in zu starken, dann giftigen lähmend und kann zu Erbrechen und Kollaps führen. Tödliche Vergiftungen beim Menschen sind nicht beschrieben. Dagegen sind aus den USA tödliche Fälle bei Rindern bekannt. Verursacht wurden tödliche Vergiftungen auch durch andere verwandte Arten wie *L. siphilitica* und *L. dortmanna,* letztere kommt auch in Europa vor. Die Heilkunde benutzt reines isoliertes Lobelin bei Atembeschwerden von Neugeborenen und zur Erleichterung asthmatischer Beschwerden. Es wird ferner Raucherentwöhnungsmitteln beigemischt.

4

Wirksame Substanz:
Lobelin und andere Alkaloide
Giftige Teile: alle Organe
Heilwirkung: Analeptikum
Herkunft: Nordöstliches Nordamerika
Gefährlichkeit: X

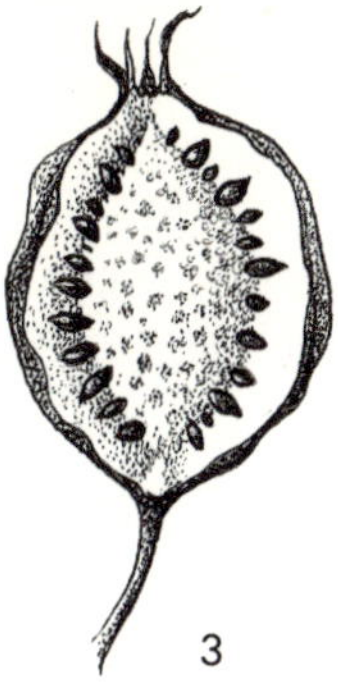

3

2

1

Taumellolch
Lolium temulentum L.

Süßgräser
Poaceae

Das Entwicklungszentrum der Gattung *Lolium* liegt in Europa, Asien und Nordafrika. Zu ihr gehört z. B. das Englische Raigras, auch Deutsches Weidelgras genannt *(L. perenne)*, das für das älteste kultivierte Futtergras gehalten wird. Dieses einjährige Gras hat eine satt- bis blaugrüne Farbe und wird 50–80 cm hoch. Die Halme sind kräftig und aufrecht, die Blattspreite ist schmaler als 1 cm.

Der Taumellolch *(L. temulentum)* (Abb. 1) blüht im Juni und Juli. Der Blütenstand ist eine flache, etwa 20 cm lange, zusammengesetzte Ähre (Abb. 2). Die Ährchen werden 1,5 bis 2 cm lang. Die Hüllspelzen sind dünn und laufen in eine Spitze aus. Die Deckspelzen haben gerade oder gewellte Grannen (Abb. 3). Eine aufgeschnittene Blüten zeigt Abb. 4. Die Frucht ist länglich, auch nach der Reife bleibt sie in den Deckspelzen eingeschlossen. Einige *Lolium*-Arten sind giftig. Das gilt vor allem für den Taumellolch *(L. temulentum)*, der auf den Getreideäckern der ganzen Welt als Unkraut zu finden ist. Ebenso giftig ist der Acker-Lolch *(L. remotum)*. Das Alkaloid Temulin, dessen Aufbau bis heute unbekannt ist, wurde 1892 von Hofmeister aus *L. temulentum* isoliert. Man war zunächst der Meinung, daß Temulin von einem Pilz gebildet wird, der auf dem Taumellolch parasitiert. Diese Ansicht ist aber widerlegt, da auch andere *Lolium*-Arten ähnliche Wirkstoffe enthalten. Die Menge der Alkaloide nimmt mit dem Alter der Pflanze zu. Eine *Lolium*-Vergiftung äußert sich in Betäubung, einem Sinken der Körpertemperatur sowie teilweiser Lähmung und Krämpfen. Tödliche Fälle enden mit Stillstand der Atmung. Befallen werden vor allem Haustiere (Pferde, Rinder, Schweine und Geflügel). Vor der Einführung von Getreidereinigungen waren auch beim Menschen Vergiftungen nicht selten, da mit den Getreidekörnern auch Lolchsamen in Brot und Bier gerieten.

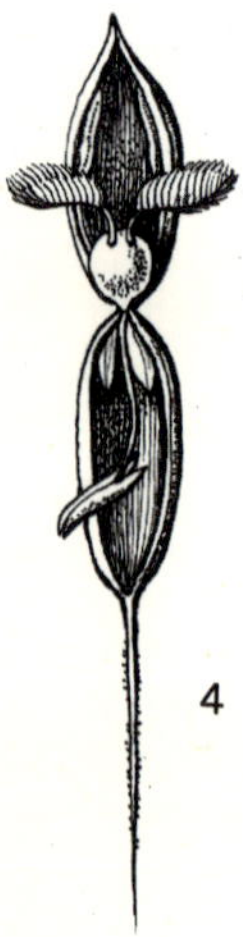

4

2

3

1

Wirksame Substanz:
Temulin (Alkaloid) u. a.
Giftige Teile: im Samen
Heilwirkung: –
Herkunft: Europa, Asien, Nordafrika
Gefährlichkeit: †

Schwarze Heckenkirsche, Schwarzes Geißblatt

Geißblattgewächse

Lonicera nigra L.

Caprifoliaceae

Die Gattung *Lonicera* umfaßt etwa 180 Arten, die auf der nördlichen Halbkugel und zum Teil in den südamerikanischen Anden verbreitet sind. Die Schwarze Heckenkirsche *(L. nigra)* (Abb. 1) ist in Europa und Sibirien heimisch. Die Art wird als Zierstrauch kultiviert. Er wird bis 2 m hoch und hat sehr hartes Holz. Die Blätter stehen gegenständig, sie sind kurzgestielt und fast unbehaart. Die Schwarze Heckenkirsche blüht von April bis Mai. Die Blütenkrone ist rötlich oder leicht violett gefärbt, zweilippig und 1 cm lang (Abb. 2). Die schwarzen Beeren sind etwa erbsengroß und enthalten elliptische Samen (Abb. 3). Das Echte Geißblatt oder Jelängerjelieber *(L. caprifolium)*, (Abb. 4) ist ein kleiner Strauch mit gelblich-weißer, oft rötlicher, bis 3 cm langer und an der Basis erweiterter Blütenröhre. Besonders am Abend duftet die Pflanze stark. In Mitteleuropa wird sie als Zierstrauch gezogen. In den Beeren ist ein noch nicht näher erforschter Bitterstoff, das Xylostein, nachgewiesen. Bei Kindern genügen einige wenige Beeren, um Vergiftungserscheinungen hervorzurufen. Auch Massenvergiftungen nach Schulausflügen sind vorgekommen. Sie wurden aber meist durch die Rote Heckenkirsche *(L. xylosteum)* verursacht. Sogar tödliche Fälle sind bei Kindern beschrieben. Auch für Tiere sind Geißblattfrüchte giftig, sie rufen Erbrechen hervor.

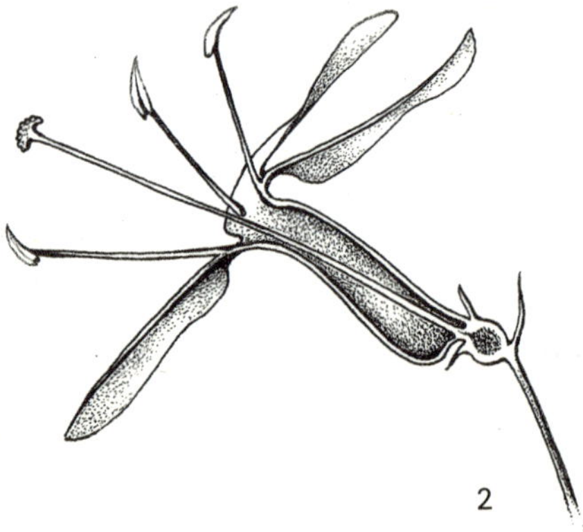

2

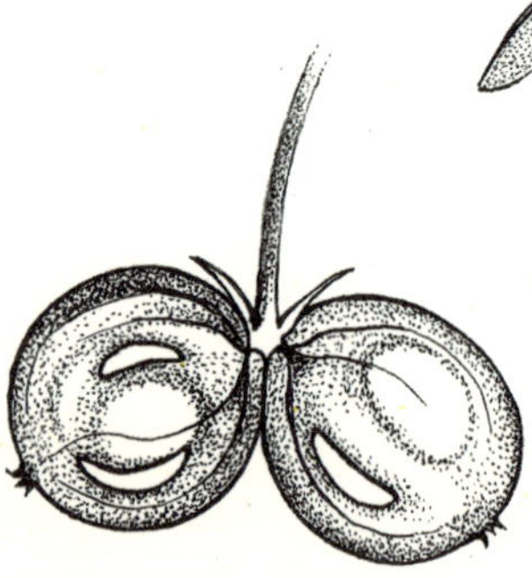

3

Wirksame Substanz: Xylostein (Bitterstoff)
Giftige Teile: Beeren
Heilwirkung: –
Herkunft: Europa, Sibirien
Gefährlichkeit: †

1
4

Peyotl, Pellote
Lophophora williamsii (Lem.) Coult.

Kaktusgewächse
Cactaceae

Der Peyotl *(L. williamsii)* (Abb. 1) gedeiht in Südtexas und Zentralmexiko, am häufigsten kommt er im Flußgebiet des Rio Grande vor. Der halbkugelige, bis 10 cm breite Körper ist blaugrau-grün gefärbt. Die Rillen im Pflanzenkörper, die für diese Kakteen charakteristisch sind, sind beim Peyotl deutlich höckerig. Die rübenförmige Wurzel ist oft größer als der oberirdische Teil der Pflanze. An der Stelle des Vegetationsgipfels befindet sich eine nabelartige Vertiefung. Die Blüten sind nur etwa 1,5 cm groß und rosa gefärbt. Die rötlichen Beeren reifen meistens noch im gleichen Jahr. Bei den Indianern hat dieser Kaktus eine Reihe von Namen: Peyote, Peyotl oder Mescal. Er wächst in steinigen Wüsten, kommt aber selten in größerer Anzahl vor. Reichlichere Vorkommen sind meistens auf bestimmte Landstriche beschränkt. So gibt es im mexikanischen Staat Coahnila ein Dorf, das seinen Namen von den dort reichlich wachsenden Kakteen hat: „San Jesús Peyote". Dort ist dann auch einer der Mittelpunkte des Rauschgifthandels mit Peyotl. Der Kaktus enthält Rauschgifte, vor allem Mescalin (bis 6 %), ferner Anhalinin, Anhalamin, Lophophorin (das giftigste von den genannten) und andere. Eine Überdosierung erzeugt Unwohlsein, Kopfschmerzen, Schwindelgefühle und Erbrechen. Mäßige Gaben hingegen rufen Erregungs- und Rauschzustände hervor, die von den persönlichen, normalerweise unterdrückten Gefühlen des Benutzers abhängig sind. Tödliche Vergiftungen sind nicht bekannt. Ungefähr 250 000 Menschen in Mexiko und in den Vereinigten Staaten benutzen Mescalin als Rauschgift. Die Ursache für diese relativ geringe Zahl von Süchtigen liegt wohl daran, daß unmittelbar nach dem Genuß unangenehme Gefühlszustände auftreten, die dann erst langsam euphorischen Zuständen weichen. Eine ähnliche Wirkung hat auch der peruanische Kaktus *Trichocereus pachanoi.* Zur Gewinnung des Mescalins wird der Kaktuskörper horizontal in Scheiben zerschnitten, die aufgereiht auf Schnüren getrocknet werden. So entstehen die sogenannten mescal buttons (Abb. 2), die die Droge bilden.

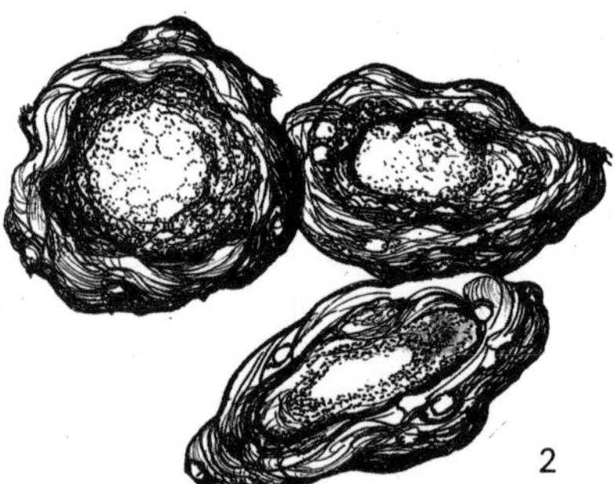

2

1

Wirksame Substanz:
Mescalin (Alkaloid) u. a.
Giftige Teile: Alle Organe
Heilwirkung: –
Herkunft: Südliche USA und Mexiko
Gefährlichkeit: X, aber Rauschgift!

Vielblättrige Lupine
Lupinus polyphyllus Lindl.

Schmetterlingsblütengewächse
Fabaceae

Zu den Lupinen (Gattung *Lupinus*) gehören ca. 200 Arten, die besonders an der Pazifikküste Nord- und Südamerikas, ferner im Mittelmeergebiet und im tropischen Afrika heimisch wurde. Die Vielblättrige Lupine *(L. polyphyllus)* (Abb. 1) stammt aus Nordamerika, wo sie wild auf Weideplätzen vorkommt. In Europa ist sie viel besser bekannt als die mediterranen Arten, da sie an Waldrändern und Lichtungen als Futtermittel für das Wild angebaut wird. Einige Farbabarten werden in Gärten kultiviert. Die ausdauernde, 1—1,5 m hohe Pflanze hat handförmige, 9—15teilige Blätter, die unterseits flaumig behaart sind. Die Vielblättrige Lupine blüht von Mai bis August. Die blauen, rosa bis violetten Blüten mit den rundlichen Fahnen stehen in einer langen aufrechten Traube. Die Hülsen sind vielsamig und dicht behaart. Die Frucht der Schmetterlingsblütler, eine Hülse oder Schote, zeichnet sich durch große Vielfältigkeit der Formen aus und stellt wichtige Bestimmungsmerkmale dar. Die Früchte einiger Arten sind hier zusammengestellt:

Blasenstrauch *(Colutea arborescens)*	Abb. 2
Kleiner Vogelfuß *(Ornithopus perpusillus)*	Abb. 3
Honig- oder Steinklee *(Melilotus officinalis)*	Abb. 4
Luzerne *(Medicago sativa)*	Abb. 5

Im Samen der Vielblättrigen Lupine sind d-Lupanin und einige andere Alkaloide zu finden. Für das Wild sind sie unschädlich, bei Haustieren führen sie zur Lupinose, einer bekannten Vergiftung. Diese Vergiftung äußert sich in Unruhe, Krämpfen und Gelbsucht. Tödliche Fälle enden mit Lähmung des Atmungszentrums. Die meisten Erkrankungen sind bei Pferden und Schafen festgestellt worden, Rinder und Schweine sind relativ resistent. Chronische Vergiftungen bewirken Leberschädigungen und somit eine schlechte Verdauung. Seltene, doch schwere Fälle von Vergiftungen durch die Vielblättrige Lupine sind auch bei Kindern nach Genuß der Samen beschrieben. Die in Europa gezüchtete sogenannte Süße Lupine, fast ohne Alkaloidgehalt, ist viel weniger gefährlich.

2

Wirksame Substanz:
d-Lupanin und andere Alkaloide
Giftige Teile: Samen
Heilwirkung: –
Herkunft: Nordamerika
Gefährlichkeit: X

5
4
1
3

Oleander Hundsgiftgewächse
Nerium oleander L. *Apocynaceae*

Der Oleander *(N. oleander)* (Abb. 1) stammt ursprünglich aus dem Mittelmeergebiet und Vorderasien, wurde jedoch als beliebte Zierpflanze in den subtropischen Regionen der ganzen Welt verbreitet. In seiner Heimat gedeiht er auf steinigen Küstenhängen, in Macchien kommt er jedoch nicht vor. Er wächst auf kalkreichen Böden. Der Strauch oder Baum wird bis 5 m hoch. Die immergrünen Blätter stehen gegenständig, sie sind lederartig und haben gleichlaufende Längsadern. In seiner Heimat blüht der Oleander mit Ausnahme der Regenzeit, das ganze Jahr über. Die großen Blüten haben verschiedenfarbige Kronen in Schattierungen von Rot über Rosa sowie Weiß und Gelb (Abb. 2). Sie stehen in endständigen Rispen. Der oberständige Fruchtknoten reift zu einer bis 15 cm langen Frucht heran. In allen Organen, besonders aber in den Blättern, enthält der Oleander giftige herzwirksame Glykoside (Oleandrin, Desacetyloleandrin u. a.). Überdosierungen führen zu Vergiftungen, die sich durch Erbrechen, Durchfall, übermäßigen Puls und erweiterte Pupillen äußern. Bei schweren Vergiftungen treten Krämpfe und der Tod durch Stillstand der Herztätigkeit ein. Überall dort, wo Oleander wächst, kann es zu Vergiftungen kommen. Hautreizungen sind nach Berührung der Blätter nicht selten. Selbst das auf Spießen aus Oleanderholz gebratene Fleisch ist giftig. Daß jedoch der aus Oleanderblüten stammende Bienenhonig giftig sein soll, wie manche Autoren schreiben, ist nicht nachgewiesen. Tiervergiftungen sind bei Ziegen und Schafen beschrieben. Auch bei ihnen tritt der Tod durch Stillstand der Herztätigkeit ein. In der Medizin werden die Herzglykoside des Oleanders als Herzmittel verwendet.

2

1

Wirksame Substanz:
Oleandrin und andere Herzglykoside
Giftige Teile: alle Organe,
besonders die Blätter
Heilwirkung: Herzmittel
Herkunft: Mittelmeergebiet und
Kleinasien
Gefährlichkeit: ☠

Virginischer Tabak
Nicotiana tabacum L.

Nachtschattengewächse
Solanaceae

Die Gattung *Nicotiana* (Tabak) umfaßt etwa 100 krautige und baumförmige Arten, die in den subtropischen Gebieten der beiden amerikanischen Kontinente, auf den Sundainseln, in Australien und einigen Inseln Ozeaniens wildwachsend vorkommen. Der aus Virginia stammende Virginische Tabak *(N. tabacum)* (Abb. 1) wird heute in vielen veredelten Sorten in den Subtropen und Tropen der ganzen Welt angebaut. Die Tabakpflanze ist in Europa erst nach der Entdeckung Amerikas bekannt geworden und das Tabakrauchen war bis zum Anfang des 17. Jh. in Europa unbekannt. Zuerst rauchte man Pfeifen, dann ab Beginn des 19. Jh. Zigarren und erst seit der Mitte des 19. Jh. die in der Türkei erfundenen Zigaretten. Diese einjährige, je nach Sorte 0,7 m bis 3 m hohe, drüsig behaarte Kulturpflanze hat einen festen, aufrechten Stengel. Die Grundblätter sind elliptisch und die Hochblätter lanzettlich-länglich. Die Pflanze blüht, je nach Standort und Sorte, den ganzen Sommer über. Die Blüten stehen in Rispen, sie sind rosa gefärbt und haben eine über 5 cm lange Blütenröhre (Abb. 2). Die ovale spitzzulaufende Kapsel öffnet sich an den vier Zähnen (Abb. 3). Die zahlreichen Samen sind sehr klein. Die im Tabak enthaltenen Alkaloide Nicotin, Nornicotin, Anabasin, Nicotyrin u. a. sind starke Gifte. Reines Nicotin wirkt auf die Haut und Schleimhäute giftig. Eine Dosis von 50—100 mg eingenommen, ist für den Menschen tödlich. Beim Rauchen wird die Giftigkeit mehrfach verringert. Alle mit der Tabakaufbereitung verbundenen Verfahren, beginnend mit der Fermentation, senken den Giftgehalt erheblich. Trotz allem bleibt die schädliche Wirkung des Tabakrauchens bestehen, was durch Nikotinvergiftungen bewiesen wird. Das Rauchen selber verursacht chronische Herzschäden, eine ungenügende Durchblutung der peripheren Blutgefäße, Geschwüre, Sehstörungen, chronische Bronchialkatarrhe und erhöht die Wahrscheinlichkeit von Lungen- und Magenkrebserkrankungen. Der Bauerntabak *(N. rustica)* (Abb. 4) hat bauchig glockige, grünlichgelb gefärbte Blüten. Er wird zur Gewinnung von Zigarettentabak gezogen und enthält praktisch die gleichen giftigen Alkaloide wie der Virginische Tabak.

4

Wirksame Substanz:
Nicotin und andere Alkaloide
Giftige Teile: alle Organe
bis auf den reifen Samen
Heilwirkung: —
Herkunft: Virginia (USA)
Gefährlichkeit: X, aber Rauschgift,
das zur Sucht führt

2
3
1

Große Mummel, Gelbe Teichrose
Nuphar lutea (L.) Sm.

Teichrosengewächse
Nymphaeaceae

Die Große Mummel *(N. lutea)* (Abb. 1) ist in Eurasien und einem Teil Nordafrikas verbreitet. Sie wächst in stehenden oder langsam fließenden tieferen Gewässern. Die Pflanze hat ein kräftiges, kriechendes Rhizom und wurzelt bis in eine Wassertiefe von 4 m. Aus dieser Wassertiefe treibt sie dann langgestielte Blätter, deren Blattspreiten auf der Wasseroberfläche schwimmen. Die Große Mummel blüht von Juni bis August. Die Blüten duften schwach nach Apfel, sie haben einen Durchmesser bis 6 cm. Die Kelchblätter sind gelb gefärbt, die Kronblätter in zungenförmige Blättchen umgewandelt. Sie erreichen ein Drittel der Länge der Kelchblätter. Den Querschnitt durch eine Blüte zeigt Abb. 2. Die Sammelfrucht ist fleischig und etwa 3—4 cm lang. Sie schwimmt auf dem Wasser. Im Wurzelstock und in den Blättern sind giftige Alkaloide enthalten. Bereits im ausgehenden 19. Jh. konnte Nupharin isoliert werden, das später als Gemisch von zwei Wirkstoffen, des Alpha- und Betanupharidins, beschrieben wurde. In Japan wurden aus verwandten Arten mehrere Pseudoalkaloide (stickstoffhaltige Sesquiterpene) isoliert. Übermäßige Gaben von Nupharidin führten bei Versuchstieren zur Lähmung der Gehirnzentren. In der Praxis sind Vergiftungen weder bei Menschen noch bei Tieren bekannt. In der Medizin werden Nuphar-Alkaloide speziell gegen übermäßige sexuelle Erregungen und Spermatorrhoe verwendet. Die Weiße Teichrose, auch See- oder Wasserrose genannt *(Nymphaea alba)*, wurzelt bis 3 m Wassertiefe. Der Kelch fällt früh ab und ist grün gefärbt. Die zahlreichen Kronblätter sind weiß bis rosaweiß gefärbt. Einige Sorten haben rosa (Abb. 3) oder himmelblau gefärbte Blüten. Die Weiße Teichrose ist eine in aller Welt verbreitete und beliebte Schwimmpflanze. Ihr Wurzelstock enthält ähnlich wirksame Alkaloide wie die Große Mummel. Aus ihm wurde das für Fische recht giftige Nymphaein isoliert. Neben Alkaloiden enthält die Weiße Teichrose noch Glykoside und Gerbstoffe. Das aus ihren Kronblättern isolierte Glykosid Nymphalin hat belebende Wirkung auf die Herztätigkeit.

3

Wirksame Substanz:
1. *Nuphar lutea:* Nupharin (Alkaloid),
2. *Nymphaea alba:* Nymphaein (Glykosid) u. a. Substanzen

Gitftige Teile: 1 und 2: Rhizom und Blätter
Heilwirkung: Anaphrodisiakum
Herkunft: Eurasien, Nordafrika
Gefährlichkeit: *Nuphar lutea:* **(X)**
Nymphaea alba: **(X)**

1

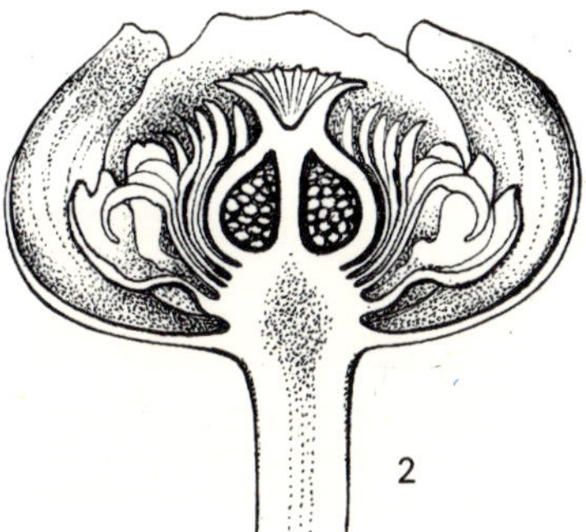

2

Pfingstrose Pfingstrosengewächse
Paeonia officinalis L. *Paeoniaceae*

Die Gattung *Paeonia* umfaßt mehr als 30 Arten, die in der gemäßigten Zone Europas und Asiens (zwei Arten auch im pazifischen Küstengebirge Nordamerikas) heimisch sind. Die Pfingstrose *(P. officinalis)* (Abb. 1) stammt aus dem Mittelmeergebiet von Südfrankreich bis Albanien. Alle Arten sind Gebirgspflanzen, die in bebuschten Berghängen und lichten Wäldern gedeihen. Die Pfingstrose ist eine 60 cm hohe ausdauernde Art. Ihr Wurzelstock ist verdickt. Die Blätter sind oberseits hellgrün gefärbt. Die Stengel tragen nur eine Blüte. Die Blütezeit liegt von Mai bis Juni. Die 8—15 cm großen Blüten sind dunkelrot, weniger häufig weiß gefärbt. Die Früchte platzen auf der Bauchnaht, sie sind während der Reifezeit geöffnet und enthalten eiförmige, glänzend blauschwarze Samen. Von großer Bedeutung sind einige Pfingstrosen und deren Varietäten und Sorten als Ziergewächse und Gartenblumen, z. B. die Lactiflora-Hybriden sowie die Strauchpäonie *(P. suffruticosa)*, die ebenfalls in China beheimatet ist. Als Gartenblumen werden gerne gefüllte Varietäten angepflanzt. *P. mascula* (Abb. 2) hat rot oder blauviolett gefärbte, teilweise deformierte und sterile Samen. Wahrscheinlich sind alle Pfingstrosen-Arten zumindestens teilweise giftig. Sie enthalten zum Großteil noch nicht näher erforschte glykosidische Verbindungen. Paeonin ist mit Sicherheit darunter, ob Alkaloide wie Peregrin tatsächlich vorkommen, muß offen bleiben. Größere Mengen von Blüten oder Samen oder Rhizomextrakte führen zu Unwohlsein mit Erbrechen, Koliken, einer übermäßigen Durchblutung des Beckens und Bewußtlosigkeit. Einige der genannten Wirkungen konnten durch Tierversuche bestätigt werden. Vergiftungen verlaufen selten tödlich, doch hinterlassen sie chronische Kreislauf- und Verdauungsbeschwerden. Als Heilpflanzen spielten Pfingstrosen nur als Abtreibungsmittel eine gewisse Rolle. Weiterhin wurden Pfingstrosensäfte gegen Krämpfe, Fallsucht, Ischias, Asthma und Husten verwendet.

2

Wirksame Substanz:
Paeonin (Glykosid) u. a.
Giftige Teile: Rhizom, Samen, Blüten
Heilwirkung: –
Herkunft: Von Südfrankreich bis Albanien
Gefährlichkeit: X

1

Schlaf-Mohn
Papaver somniferum L.

Mohngewächse
Papaveraceae

Der Schlafmohn *(P. somniferum)* (Abb. 1) ist eine Kulturpflanze, die wahrscheinlich aus Kleinasien stammt. Ihre verschiedenen Varietäten wurden über Europa und Asien verbreitet und werden zur Gewinnung von Öl oder Opium angebaut. Diese einjährige Kulturpflanze ist stark milchhaltig. Der Stengel und die wechselständigen, lappig gezähnten Blätter sind blaugrün bereift. Die Pflanze blüht, je nach Varietät und Standort, von Juni bis August. Die Blüten sind groß, weiß bis violett gefärbt, und haben einen dunklen Grund. Der Kelch fällt früh ab, er ist grün gefärbt. Die Kapsel ist mit vielen winzigen, weißlichen, grauen, hell- oder dunkelblauen Samen gefüllt. Der Schlafmohn enthält in seinem Milchsaft zahlreiche stark giftige Alkaloide (Opium-Alkaloide). Opium ist der getrocknete Latex (Milchsaft). Opium enthält viele Alkaloide, die tödliche Dosis für den Menschen beträgt bei Rohopium 2—4 g mit ca. 12%igem Morphingehalt. Morphin ist unter den Opium-Alkaloiden das giftigste, seine tödliche Dosis beträgt zwischen 0,25 und 0,5 g. In ganz geringen Mengen hat es eine hervorragende schmerzstillende Wirkung, in größeren Gaben verursacht es jedoch völlige Bewußtlosigkeit und Tod durch Stillstand der Atmung. Ein weiteres dieser Alkaloide ist Kodein, das in der Medizin vielfach als Hustenmittel Verwendung findet. Es fördert die schmerzstillende Wirkung verschiedener Analgetika. Das Papaverin, ein weiteres Opium-Alkaloid, wirkt krampflösend. Auch dieses ist in größeren Mengen stark giftig. Vergiftungen entstehen bei Überdosierung von Heilmitteln sowie durch Rauschgiftsucht. Als Rauschgift werden Morphin und dessen noch wirksameres Derivat, das Heroin, benutzt. Das Opium wird aus den unreifen Kapseln gewonnen. Diese werden eingeritzt, und der herausträufelnde Milchsaft wird gesammelt und getrocknet. Die so entstehende braune Masse stellt das Rohopium dar. Ein Großteil des Rohopiums wird mit komplizierten Technologien weiter zum Raucheropium (Chandu) aufbereitet. Das Opiumrauchen stammt aus Ostasien, von den Rauchern werden besondere, oft kostbar verzierte Opiumpfeifen (Abb. 2a, b) verwendet.

Wirksame Substanz:
Morphin, daneben weitere Opium-Alkaloide wie Kodein, Papaverin, Thebain und Narcotin
Giftige Teile: Milchsaft
Heilwirkung: Morphin als Schmerzmittel, Kodein als Hustenmittel, Papaverin krampflösend
Herkunft: Kleinasien
Gefährlichkeit: †, gefährlichstes Rauschgift

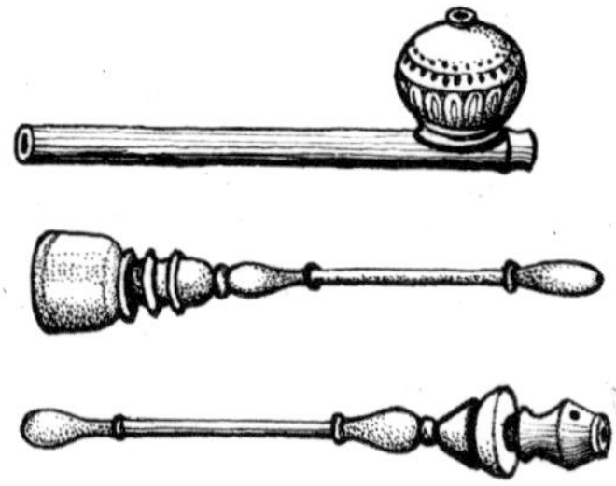

2a

2b

1

Einbeere
Paris quadrifolia L.

Liliengewächse
Liliaceae

Das Verbreitungsgebiet der Einbeere *(P. quadrifolia)* (Abb. 1) umfaßt Europa und reicht in Asien bis zum Altaigebirge und nach Nordchina. Die Pflanze gedeiht in Laubwäldern und Laubmischwäldern. Die Einbeere ist ausdauernd und hat einen kriechenden Wurzelstock. Sie wird etwa 30 cm hoch. Der Stengel trägt einen Quirl aus vier länglich eiförmigen, bis 10 cm langen Blättern. Sie blüht von April bis Mai, gelegentlich auch später. Die einzelne, vierzählige Blüte hat schmale hellgrün gefärbte Kelchblätter und nadelförmige gelbgrün gefärbte Kronblätter. Der Fruchtknoten ist oberständig und kugelig (Abb. 2). Die Frucht, eine blauschwarze, kirschgroße Beere, ist sehr auffallend (Abb. 3). In allen Organen, besonders reichlich im Wurzelstock und in den Früchten, sind Saponine (Paristyphnin und Paridin) enthalten. Nur selten kommt es zu ernsten Vergiftungen, da die Saponine sehr langsam absorbiert werden. Beschrieben sind solche Fälle bei Kindern nach dem Genuß fälschlich für große Heidelbeeren gehaltener Früchte. Da die Einbeerenfrüchte aber sehr bitter schmecken, ist ein weiterer Genuß unwahrscheinlich. Die Vergiftungssymptome äußern sich durch Brechreiz und Erbrechen, Durchfall, verengte Pupillen, heftige Kopfschmerzen sowie allgemeinen Schwächezustand. Tödliche Vergiftungen kommen sehr selten vor.

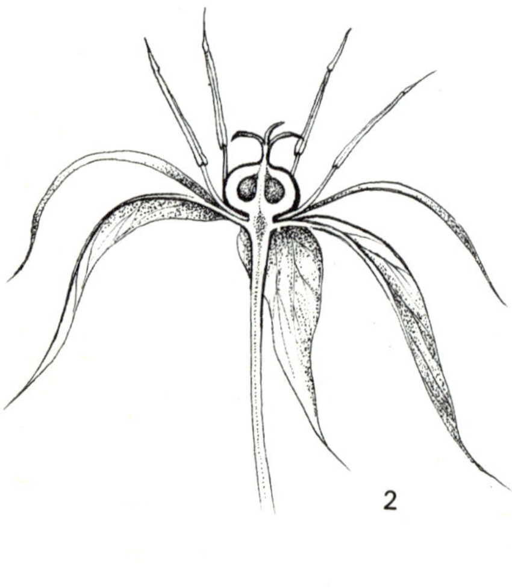

2

Wirksame Substanz:
Paristyphnin und Paridin (Saponine)
Giftige Teile: alle Organe,
besonders Früchte und Rhizom
Heilwirkung: –
Herkunft: Europa und Westasien
Gefährlichkeit: (X)

3

1

Wilde Blasenkirsche, Judenkirsche Nachtschattengewächse

Physalis alkekengi L. *Solanaceae*

Die bekannteste europäische Art der artenreichen Gattung *Physalis* ist die Wilde Blasenkirsche *(P. alkekengi)* (Abb. 1). Sie wird als Gartenzierpflanze kultiviert und ist daher in viele Regionen verschleppt worden. Diese ausdauernde Pflanze wird über 50 cm hoch und hat ein kriechendes Rhizom. Der Stengel ist aufsteigend, stumpf vierkantig und trägt die eiförmigen, fast paarweise gegenständigen Blätter. Die Blütezeit liegt von Juni bis August. Der Kelch ist anfangs glockig aufgeblasen. Die Krone ist schmutzigweiß gefärbt und radartig glockig (Abb. 2). Die rote glänzende Beere ist in einen verwachsenen, vergrößerten, aufgeblähten und geäderten Kelch eingeschlossen. Die zahlreichen Samenkörner sind etwa 2 mm lang und haben eine feine Netzzeichnung (Abb. 3). Die Wilde Blasenkirsche enthält im Rhizom Alkaloide (Hygrin) und in den Blättern steroide Laktone (u. a. Physalin A, B. und C). Ob letztere giftig sind, steht noch offen. Unbestritten ist der Giftgehalt der Rhizome und der Blätter. Anders sieht es bei den Früchten aus. Otto Gessner führt in seinem klassischen Giftpflanzenverzeichnis *Physalis* an, auch in der amerikanischen Fachliteratur gilt sie neben den verwandten Arten wie *P. heterophylla* und *P. subglabrata* als zumindestens für Tiere giftig. Das Schrifttum über südafrikanische Giftpflanzen führt *P. minima* als Ursache für Fehlgeburten bei Schafen an. Andererseits sind die Früchte bestimmter amerikanischer Arten, z. B. *P. ixocarpa* und *P. peruviana,* eßbar. Es ist aber eine Tatsache, daß auch das Kraut der ebenfalls zu den Nachtschattengewächsen gehörenden Tomate dank des Tomatin- und Tomatidingehalts giftig ist, auch wenn deren Früchte ein wertvolles Gemüse vorstellen. Die arabischen Ärzte schätzten die Blasenkirsche als Heilmittel zur Behandlung von Nierenleiden (angeblich bewirkte sie die Auflösung der Nierensteine) und Erkrankungen der Harnwege. Heute verwendet sie die Homöopathie noch immer.

Wirksame Substanz:
Hygrin (Alkaloid)
und Physalin (Lakton)
Giftige Teile: Blätter und Rhizom
Heilwirkung: bei Nierenleiden und
Erkrankung der Harnwege
Herkunft: Europa
Gefährlichkeit: X

Kalabarbohne
Physostigma venenosum Balf.

Schmetterlingsblütengewächse
Fabaceae

Die Kalabarbohne *(P. venenosum)* (Abb. 1) ist in Westafrika, besonders im Golf von Guinea, in Nigerien und Kamerun (vor allem am Calabarfluß) heimisch. Sie ist eine Liane der tropischen Urwälder, am Grunde verholzend, und hat dreizählige Blätter. Sie erreicht eine Höhe von 15 m. Die achselständigen überhängenden Blütentrauben bestehen aus etwa 2 cm großen rotviolett gefärbten Blüten. Vor dem Aufblühen sind sie deutlich aufwärts gekrümmt. Die bis 15 cm langen Hülsen sind abgeflacht und an beiden Seiten zugespitzt. Sie enthalten 1 bis 3 mattglänzende, dunkelbraune Samen (Abb. 2). In den Samen, den Kalabarbohnen, sind 0,5% giftige Alkaloide enthalten. Das wichtigste ist das Physostigmin, nach der einheimischen Pflanzenbezeichnung „e's'er'e" auch Eserin genannt. Die Giftigkeit der Samen ist den Einheimischen von jeher bekannt. Sie benutzten sie z. B. für Gottesurteile, der Beschuldigte mußte einen Becher mit zerriebenen Kalabarsamen in Wasser gemischt trinken. Starb er, wurde er für schuldig erklärt, überlebte er, wurde er freigelassen. Noch 1959 wurden in Zaire 226 Personen auf diese Weise hingerichtet. Die Kalabarbohnen standen unter der strengen Kontrolle der Stammeshäuptlinge. Auch als Pfeilgift fand die Pflanze Verwendung. Vergiftungssymptome äußern sich durch Speichelfluß, verengte Pupillen, mattes Sehvermögen, Schwindelgefühle, heftiges Erbrechen, Durchfall und Allgemeinschwäche. Der Tod tritt durch Stillstand der Atmung ein. Physostigmin ist seit der Mitte des 19. Jh. ein wichtiges Mittel zur Pupillenverengung und zur Behandlung des grünen Stars. Kalabarbohnen werden aus diesem Grund immer noch aus Nigeria exportiert.

2

Wirksame Substanz: Physostigmin (Alkaloid)
Giftige Teile: Samen
Heilwirkung: Behandlung des grünen Stars
Herkunft: Westafrika
Gefährlichkeit: ☠

1

Jaborandi
Pilocarpus jaborandi Holmes

Rautengewächse
Rutaceae

Die etwa 20 Arten der Gattung *Pilocarpus* sind in den Tropen der Neuen Welt beheimatet. Unter ihnen sind einige Arten, die für die pharmazeutische Industrie wichtig sind, so vor allem der Pernambuco-Jaborandi *(P. jaborandi)* (Abb. 1), der Maraham-Jaborandi *(P. microphyllus)*, der Paraguay-Jaborandi *(P. pennatifolius)* und der Guadeloupe-Jaborandi *(P. racemosus)*. Fast alle Arten stammen aus Brasilien, wie auch *P. jaborandi* selbst. Heute werden sie auch an anderen Orten im tropischen Südamerika sowie auf den Antillen angebaut. Der etwa 3 m hohe Strauch ist an den Zweigenden belaubt und rostfarben behaart. Die unpaarig gefiederten Blätter bestehen aus bis 16 cm langen, lederartigen Teilblättchen. Die scharlachrot gefärbten kleinen, langgestielten Blüten sind fünfzählig (Abb. 2). Sie stehen in schlanken bis 40 cm langen Trauben. Die einsamigen Balgfrüchte sind zu dritt bis zu fünft verwachsen (Abb. 3). Sie platzen an der Innennaht auf und schießen dabei den Samen heraus (Abb. 4). Die Blätter dieses Strauches enthalten die giftigen Alkaloide Pilocarpin und Isopilocarpin sowie die gleichfalls giftigen Nebenwirkstoffe Pilocarpidin und Pilosin. Der Gehalt an Pilocarpin ist sehr hoch (bis 1%) und diese Substanz ist außerordentlich giftig. Vergiftungssymptome und Verlauf sind praktisch die gleichen wie bei der Kalabarbohne *(Physostigma venenosum)*. Daneben ruft Pilocarpin übermäßigen bronchialen Schleimauswurf hervor, den der Vergiftete nicht auszuhusten vermag, wodurch Erstickungen, Lungenödeme und Tod durch völlige Erschöpfung eintreten kann. Die Einheimischen mischen einen Extrakt aus diesen Blättern den giftigen Flüssigkeiten bei, in die sie ihre Pfeilspitzen tauchen. Außerhalb des Verbreitungsgebiets kommen Jaborandi-Vergiftungen nur durch Überdosierungen von pilocarpinhaltigen Arzneien vor. In der Medizin verwendet man das aus getrockneten Blättern isolierte Pilocarpin zur Belebung des parasympathischen Nervensystems, gegen Harnverhaltung bei Versagen der Nierentätigkeit sowie bei Wassersucht. Ähnlich wie Physostigmin dient Pilocarpin in der Augenheilkunde als pupillenverengendes und augendrucksenkendes Mittel beim grünen Star.

Wirksame Substanz:
Pilocarpin und Isopilocarpin sowie weitere Alkaloide (Pilocarpidin, Pilosin)
Giftige Teile: Blätter
Heilwirkung: Gegen grünen Star, bei Nierenerkrankungen, zur Belebung des parasympathischen Nervensystems
Herkunft: Brasilien
Gefährlichkeit: ☠

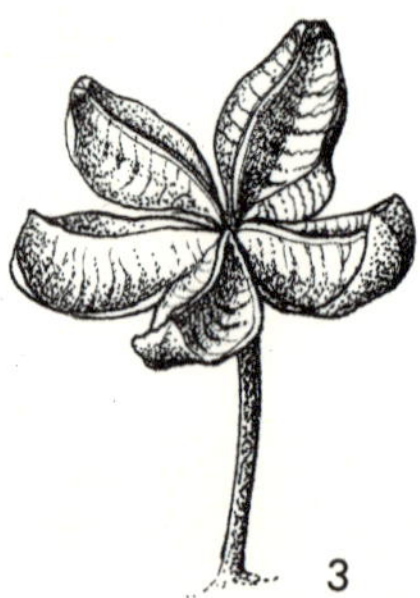

3

4
2
1

Betelpfeffer
Piper betle L.

Pfeffergewächse
Piperaceae

Die Gattung *Piper* (Pfeffer) zählt über 100 Arten, die alle in den Tropenregionen Südostasiens heimisch sind. Durch Anbau sind einige Arten auch viel weiter verbreitet worden, so der Gewürzpfeffer. Der Betelpfeffer *(P. betle)* (Abb. 1) ist in ganz Malaysia und Indonesien beheimatet und wird auch in Südchina, in Indien, an der ostafrikanischen Küste, auf Madagaskar und auf Sansibar kultiviert (Abb. 2). Der Betelpfeffer ist eine Liane, deren Höhe von der Stützpflanze bestimmt wird. Er hat dünne kantige Stengel mit wechselständigen, oft unregelmäßig geformten Blättern. Die kleinen Blüten stehen in dichten gestielten Ähren. Ihnen fehlt das Perianth, Deck- und Hüllblätter schützen die Fortpflanzungsorgane. Die Früchte sind rund, sie ähneln denen des Schwarzen Pfeffers. Die Areka-Nuß (Abb. 3), der unerläßliche Bestandteil des Betels, ist die Frucht einer Palme *(Areca catechu)*, die in dem gleichen Gebiet vorkommt. Die Nuß hat die Größe eines Taubeneis und muß vor dem Kauen in mundgerechte Stücke geschlagen werden. Ungefähr 200 Millionen Menschen frönen dem Betelkauen. Gekaut werden nicht allein die aromatischen Blätter des Bettelpfeffers, sondern der Betel. Dieser besteht aus einem dünn mit Muschelkalkbrei bestrichenen frischen Betelpfefferblatt, das um eine Areka-Nuß gewickelt und mit weiteren aromatischen Ingredienzen dem jeweiligen Geschmack angepaßt wird. Beim Kauen wird ein roter Farbstoff freigesetzt, der Speichel, Zähne und Mund rot färbt. Ferner werden aus der Areka-Nuß die Alkaloide Arecolin und Arecaidin frei, die den Kauenden in einen Zustand der Entspannung und des Wohlbefindens versetzen. Wie jede andere Rauschgiftsucht verschafft das Betelkauen nicht nur angenehme Gefühle, sondern hat seine negativen Seiten. Betelkauen hat eine starke Zahnsteinbildung zur Folge, die zu vollständigem Gebißverlust führt. Außerdem wird der Verdauungstrakt geschädigt. Auch die Gefahr von Mundhöhlenkrebs wird durch die ständige Schleimhautreizung beträchtlich erhöht, da die scharfen ätherischen Öle der Betelblätter krebserregende Stoffe enthalten. Die hier zusammengefaßten Fakten beziehen sich auf den Betel.

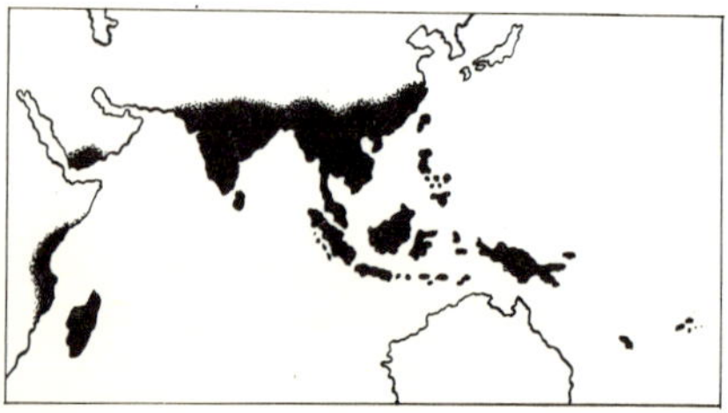

2

Wirksame Substanz:
Sabinen, Piperine *(Piper betle)*
Arecolin, Arecaidin *(Area catechu)*
Giftige Teile: Blätter *(Piper betle)*
Früchte *(Areca catechu)*
Heilwirkung: –
Herkunft: Südostasien
Gefährlichkeit: X, Rauschgift

3

1

Maiapfel, Fußblatt Sauerdorngewächse
Podophyllum peltatum L. *Berberidaceae*

Der Maiapfel *(P. peltatum)* (Abb. 1) ist im atlantischen Teil von Nordamerika heimisch, wo er im Unterholz schattiger Laubwälder wächst. Die ausdauernde, bis 30 cm hohe Pflanze hat ein langes, etwa 1,5 cm dickes, kriechendes Rhizom. Der Stengel trägt nur zwei gestielte, gegenständige Blätter. Zwischen diesen steht die kurzgestielte weiße Blüte. Sie hat 6 Kelch- und 6 bis 9 Kronblätter. Die Beeren sind etwa pflaumengroß, fleischig und gelb gefärbt und enthalten zahlreiche Samen (Abb. 2). Aus den Wurzelstöcken dieser Art wird ein Harz (Podophyllin) gewonnen, das in der pharmazeutischen Industrie gebraucht wird. Im Podophyllin sind Podophyllotoxin und Alpha- und Beta-Peltatine (Lignane) enthalten. Diese Substanzen sind giftig. Das pulverisierte Rhizom wird mit Alkohol extrahiert und der Harzanteil ausgefällt. Dann wird es getrocknet und pulverisiert. Die Peltatine wirken drastisch abführend. Kleine Dosen von etwa 0,01 g erhöhen die Peristaltik und Dickdarmsekretion, während größere den Darm zu stark reizen und Vergiftungserscheinungen hervorrufen. Noch giftiger ist das Podophyllotoxin, das bei Überdosierung zum Tode führt. Symptome einer Vergiftung sind blutiger Durchfall, wobei Teilchen von Darmschleimhaut und Galle ausgeschieden werden, eine geschädigte Herztätigkeit, völlige Erschöpfung und plötzlicher Tod durch Herzversagen. Für den Menschen beträgt die tödliche Podophyllindosis 0,3 bis 0,5 g. Bei Tieren sind keine Vergiftungen bekannt, da die über der Erde stehenden Pflanzenteile nicht giftig sind. Die Indianer verwenden die Pflanze gegen Darmparasiten und zur Abtreibung. Auch heute bildet die Pflanze in therapeutischen Gaben den Bestandteil wirksamer Abführ- und Gallebildungsmittel. Außerdem wirkt Podophyllotoxin bei bestimmten Geschwüren wachstumshemmend. Aus dem Emodus-Maiapfel *(P. emodi),* der in Asien vom Himalaya bis China und Taiwan gedeiht, wird das sogenannte indische Podophyllin gewonnen. Der Wurzelstock dieser Art enthält einen dreimal höheren Podophyllingehalt, dieses ist jedoch wegen Abwesenheit der Peltatine weniger wirksam.

2

Wirksame Substanz:
Podophyllotoxin und Peltatine (Lignane)
Giftige Teile: Rhizom
Heilwirkung: Abführ- und Gallebildungsmittel
Herkunft: Nordamerika
Gefährlichkeit: †

1

Duftende Weißwurz, Salomonssiegel
Polygonatum odoratum (Mill.) Druce

Liliengewächse
Liliaceae

Die Gattung *Polygonatum* (Weißwurz oder Salomonssiegel) zählt 30 Arten, die alle auf der nördlichen Halbkugel vorkommen. Die Duftende Weißwurz *(P. odoratum)* (Abb. 1) (Syn. *P. officinale*) ist in Europa und Sibirien verbreitet und wächst in lichten trockenen Wäldern, an Waldrändern und auf trockenen Hängen. Diese und andere *Polygonatum*-Arten sind als besonders an schattigen Stellen wachsende Zierpflanzen beliebt. Die Duftende Weißwurz ist eine ca. 50 cm hohe ausdauernde Pflanze. Sie hat ein Rhizom und kantige, kahle, gebogene Stengel. Die Blätter stehen wechselständig. Die blattachselständigen Blüten öffnen sich von Mai bis Juni. Sie stehen in gestielten armblütigen Trauben und haben weiße Blütenröhren. Der Fruchtknoten ist oberständig und dreikammrig (Abb. 2). Die etwa 1 bis 1,5 cm großen, kugeligen Beeren (Abb. 3) sind schwarzblau. Über den Giftgehalt dieser Art sind die Angaben recht widersprüchlich. Herzwirksame Glykoside konnten nicht bestätigt werden, wohl aber Saponine, vor allem in den Wurzelstöcken und Beeren. Glukokinin ist ebenfalls im Wurzelstock nachgewiesen. Manche Autoren nennen einen Anthrachinonengehalt in den widerlich-süßlich schmeckenden Beeren und halten diesen für die Ursache von Vergiftungen. Vergiftungen sind bei Kindern häufig, sie äußern sich durch Kopfschmerzen, gereizte Nierentätigkeit, Durchfall, Erbrechen, Schwindel und Atemnot. Ein tödlicher Fall ist beschrieben. Auch bei Tieren sind schwache Vergiftungserscheinungen bekannt. Nicht nur die europäische, sondern auch die japanische Volksheilkunde wendete Wurzelstockabsude wegen ihres Glukokininengehalts gegen Diabetes sowie als harntreibendes und schmerzstillendes Mittel bei Rheuma an. Außerdem senkten sie den Blutzucker.

3

Wirksame Substanz:
Saponine
Giftige Teile: Rhizom und Beeren
Heilwirkung: bei Diabetes (blutzuckersenkend) und Rheuma
Herkunft: Europa, Asien
Gefährlichkeit: X

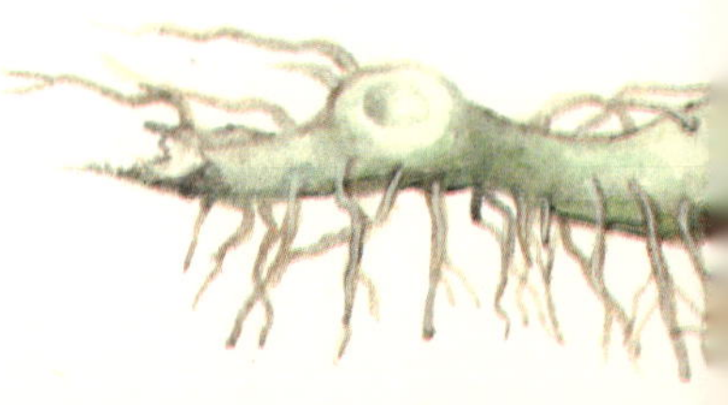

2
1

Becher- oder **Giftprimel** — Primelgewächse
Primula obconica Hance — *Primulaceae*

Die Gattung *Primula* gehört zu den artenreichsten, es sind mehr als 500 Arten beschrieben. Am zahlreichsten sind sie in den Gebirgen der nördlichen Halbkugel und haben in den Hochgebirgen Asiens ein Entwicklungszentrum. Die Becherprimel *(P. obconica)* (Abb. 1) stammt aus Tibet, sie wächst auf den Osthängen des tibetanischen Berglandes an ähnlichen Stellen wie bei uns die Schlüsselblume. Von dieser Art gibt es eine Reihe vielfarbig blühender, durch Kreuzung entstandener Gartenformen. Die Becherprimel besitzt eine Blattrosette. Die Blätter sind herzförmig und drüsenhaarig. Die fünfzähligen Blüten haben weiß, rosa, rot oder violett gefärbte Kronen. Nach dem Abblühen vergrößert sich der Kelch trichterförmig. Die Chinesische Primel *(P. sinensis)* (Abb. 2) hat gelappte Blätter, ihre Blüten sind weiß, rosa oder sattrot gefärbt. Der ganze Stengel ist klebrig behaart, die priminhaltigen Drüsenhaare dieser Primel sind typisch (Abb. 3). Eine Berührung ruft bei empfindlichen Menschen Allergien verschiedenen Grades hervor, die sich in heftigen, blasenbildenden Hautentzündungen an der Berührungsstelle äußern. Sekundär kann es zur Bildung von mit Fieber einhergehenden Gesichtsödemen kommen. Diese Symptome werden schon von einem Hundertstel Milligram Primin hervorgerufen. Aus etwa 20 Pflanzen kann 1 mg Primin isoliert werden. Neben dem Primin enthält die Art die gleichen Saponine, wie sie auch in der bei uns heimischen Wiesenschlüsselblume (*P. veris*) und der Wald-Primel oder Hohen Schlüsselblume *(P. elatior)* zu finden sind. Es sind dies besonders Protoprimulagenin, Priverogenin sowie das Glykosid Primulaverin. Diese Substanzen werden als Expektorantia verwendet. Auch die Chinesische Primel sowie Kreuzungen zwischen beiden, ferner *P. sieboldii* (Japan) und *P. mollis* (Osthimalaya) enthalten die genannten Wirkstoffe.

2

Wirksame Substanz:
Primin und Saponine
Giftige Teile: Drüsenhaare
Heilwirkung: –
Herkunft: Tibet
Gefährlichkeit: **(X)**

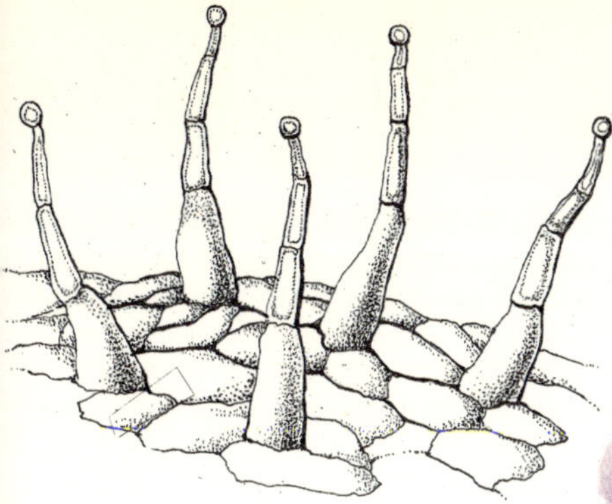

3

1

Kirschlorbeer
Prunus laurocerasus L.

Rosengewächse
Rosaceae

Aus der artenreichen Gattung *Prunus* sind viele Steinfruchtkulturformen gezüchtet worden. Zu den wildwachsenden, giftigen Arten gehört der Kirschlorbeer *(P. laurocerasus)* (Abb. 1), der im ganzen nördlichen Mittelmeergebiet bis Kleinasien sowie im Kaukasus und im Iran vorkommt. In der Natur wächst er in Bergwäldern, vor allem in Buchenbeständen. Der immergrüne Strauch oder kleine Baum erreicht eine Höhe von 3 bis 5 m. Die lederartigen, oberseits glänzenden Blätter werden bis 15 cm lang. Die Blütezeit ist von April bis Mai. Die Blüten sind weiß gefärbt. Die schwarzglänzenden Steinfrüchte stehen in einer bis 15 cm langen Traube (Abb. 2). Sie enthalten einen spitzen, glatten Kern (Abb. 3). In Mitteleuropa wurde der Kirschlorbeer erst im 16. Jh. bekannt. 1574 brachte ihn der Botaniker Clusius zusammen mit anderen Exoten aus Konstantinopel nach Wien. Der Kirschlorbeer enthält in den Blättern das zyanogene Prunasin und Prulaurasin, diese spalten beim Gären die stark giftige, nach Mandeln duftende Blausäure ab. Bei der Bittermandel *(P. amygdalus* var. *amara)* ist im Samen Amygdalin enthalten, das ebenfalls Blausäure freisetzt, daher sind diese Mandeln giftig. Die tödliche Dosis beträgt für einen Erwachsenen 50, für ein Kind 10 Mandeln. Gefährlich sind auch die Kerne von Pflaumen und anderen *Prunus*-Arten. Die Symptome einer Vergiftung durch Blausäure sind Angstgefühle, Atemnot, Kopfschmerzen, Zittern, Erbrechen, Ohnmacht, Starrkrämpfe sowie Lähmung des Atmungs- und vasomotorischen Zentrums. Der Tod tritt durch Ersticken ein. Blausäure ist für alle höheren Lebewesen gefährlich, denn sie behindert die Aufnahme des Blutsauerstoffes. In der Heilkunde wird der Kirschlorbeer erst seit dem 19. Jh. zur Herstellung des Kirschlorbeerwassers verwendet. Es wird heute nur noch selten als Hustensaft oder Beruhigungsmittel bei Magenbeschwerden verwendet. Kirschlorbeerwasser wird auch verschiedenen Arzneien zur Geschmacksverbesserung beigemischt.

2

Wirksame Substanz:
Prunasin und Prulaurasin (durch Abspaltung entsteht Blausäure)
Giftige Teile: alle Organe, besonders Blatt und Samen, (nicht im Fruchtfleisch)
Heilwirkung: –
Herkunft: Östliches Mittelmeergebiet
Gefährlichkeit: X

1

3

Gewöhnliche Traubenkirsche

Prunus padus L.

Rosengewächse

Rosaceae

Die Gewöhnliche Traubenkirsche *(P. padus)* (Abb. 1) ist eine typische Art in Erlenbeständen und an Ufergebüschen. Sie ist in Europa und Sibirien verbreitet. Die Pflanze benötigt Standorte mit höherem Grundwasserspiegel, nicht aber dauernd nasse Böden. Da sie sich mit Hilfe von Vögeln verbreitet, ist sie oft auch außerhalb ihrer typischen Standorte anzutreffen. Formen mit panaschierten Blättern werden als Zierpflanzen angepflanzt. Dieser über 10 m hohe Strauch oder Baum hat glänzend braunrote Äste. Die Blätter sind kurzgestielt, oberseits dunkelgrün und unterseits heller. Zerreibt man sie, dann entströmt ihnen ein Bittermandelgeruch. Die Gewöhnliche Traubenkirsche blüht von Mai bis Juni. Die Blüten (Abb. 2) sind weiß gefärbt. Die erbsengroßen schwarzglänzenden Steinfrüchte schmecken bitter (Abb. 3). Sie stehen in reichen hängenden Trauben, die fast 20 cm lang sind (Abb. 4). Wie die anderen Vertreter der Gattung *Prunus* enthält auch die Traubenkirsche die Glykoside Amygdalin und Prulaurasin, die beim Gären Blausäure freisetzen. Besonders Kinder sind gefährdet, da für sie die Früchte verlockend aussehen. Nach dem Genuß der Samen der Steinfrüchte stellen sich bald Übelkeit, Trockenheit in Mund und Hals, Erbrechen, Atemnot und nach stärkeren Gaben Krämpfe ein. Zwar sind tödliche Fälle selten, doch kommen sie vor. Beschrieben sind auch Vergiftungserscheinungen bei Rindern und Ziegen nach dem Fressen von Traubenkirschblättern. Das Fruchtfleisch selbst ist nicht giftig. In der Medizin wird die Pflanze nicht verwendet. Früher wurde ein Rindenabsud als schweiß- und harntreibendes Mittel bei Erkältungen, Gicht und Rheuma angewandt.

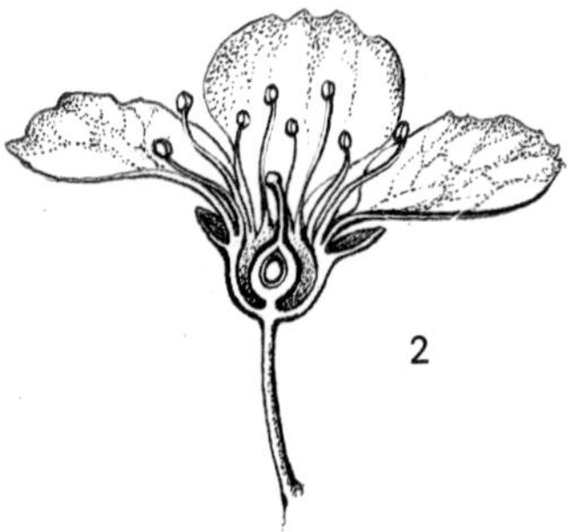

2

Wirksame Substanz:
Amygdalin und Prulaurasin (Glykoside)
Giftige Teile: Samen, Rinde und Blätter
Heilwirkung: –
Herkunft: Europa und Sibirien
Gefährlichkeit: †

1
3
4

Scharfer Hahnenfuß Hahnenfußgewächse
Ranunculus acris L. *Ranunculaceae*

Zur Gattung *Ranunculus* (Hahnenfuß) zählen etwa 400 Arten, von denen viele in gemäßigten und kalten Zonen und im Gebirge wachsen. Der Scharfe Hahnenfuß *(R. acris)* (Abb. 1) ist ein eurasischer Vertreter, der nach Amerika eingeschleppt ist. Zur Blütezeit ist diese Art eine nicht zu verwechselnde Frühlingsblume feuchter Wiesen. Der Scharfe Hahnenfuß ist bei uns sehr häufig. Auf feuchten Standorten kann die Pflanze bis 1 m hoch werden. Die Blätter sind handförmig fünfteilig, die Grundblätter langgestielt, die Blattstiele nehmen nach oben hin an Länge ab, die obersten Blätter sind sitzend. Die 1 bis 2,5 cm großen, glänzend goldgelben Blüten erscheinen von Mai bis September. Die Früchte sind bis 3 mm lang und haben einen kurzen geraden Schnabel (Abb. 2). Bei einer nordamerikanischen Art *(R. abortivus)* ist Heterophyllie (verschiedene Ausgestaltung der Blätter) besonders auffallend (Abb. 3). Wie die meisten Arten dieser und auch weiterer Gattungen der Familie der Hahnenfußgewächse enthält der Scharfe Hahnenfuß das giftige Glykosid Ranunculin, das durch das Enzym Ranunculase in giftiges Protoanemonin und weiter in das weniger giftige Anemonin zerfällt. Auch Saponine werden angeführt, die die Giftigkeit des Protoanemonins noch erhöhen sollen. Protoanemonin wirkt stark hautreizend und ruft blasenbildende Entzündungen und Geschwüre hervor. Innerlich führt es zu Entzündungen der Mundhöhle und des Verdauungsapparates. Vergiftungssymptome sind Erbrechen, Darmkoliken und Nierenentzündungen, und bei schweren Vergiftungen treten Schwindelzustände, Krämpfe und Tod durch Stillstand der Atmung ein. Beim Trocknen zersetzt sich das Protoanemonin, daher ist Heu mit Hahnenfußbeimengung ungefährlich.

3

2

1

Wirksame Substanz:
Protoanemonin
Giftige Teile: alle Organe
Heilwirkung: –
Herkunft: Europa, Asien
Gefährlichkeit: X

Scharbockskraut
Ranunculus ficaria L.

Hahnenfußgewächse
Ranunculaceae

Das Scharbockskraut *(R. ficaria)* (Abb. 1) ist in Europa und Nordafrika verbreitet und kommt bis Mittelasien vor. Es ist bei uns sehr häufig auf feuchten Wiesen, an Bachufern, in Gebüschen, Auwäldern sowie Erlen- und Eichenbeständen anzutreffen und ist eine der ersten blühenden Frühlingsblumen. Diese ausdauernde Pflanze wird nicht höher als 20 cm, sie hat einen kurzen Wurzelstock und einen niederliegenden bis aufsteigenden Stengel. Die Blätter sind herzförmig. Das Scharbockskraut blüht von März bis April. Die goldgelben Blüten haben 8 bis 12 Kronblätter. Die Schließfrüchte (Abb. 2a, b) entwickeln sich nur selten, die vegetative Vermehrung ist bei dieser Art wichtig. Auch die Giftigkeit des Scharbockskrautes stammt von dem unbeständigen Protoanemonin. Außerdem enthält die Pflanze Saponine. Vergiftungen sind beim Menschen relativ selten und verlaufen ähnlich wie bei den übrigen Arten (s. *R. acris*). Beschrieben sind Vergiftungen nach Genuß von Frühlingssalaten oder wenn die Knospen als Kapernersatz dienen. Bei Tieren treten Vergiftungen nicht oft auf, doch sind Fälle bekannt. Rinder, Schafe und Ziegen erkranken an Durchfall, Nierenentzündungen, Krämpfen, und bei tödlichen Gaben tritt der Tod durch Stillstand der Atmung ein. Durch das Trocknen verliert das Scharbockskraut seine Giftigkeit. Früher wurde die Pflanze für Blutreinigungskuren und gegen Hämorrhoiden verwendet. Ein gleichfalls giftiges Hahnenfußgewächs ist der oft gepflanzte Winterling *(Eranthis hyemalis)* (Abb. 3). Er stammt aus Südeuropa und blüht ebenfalls im Vorfrühling. Seine Blüten sind hellgelb gefärbt. Weitere bei uns vorkommende Arten sind der Gift-Hahnenfuß *(R. scleratus),* der kleine, blaßgelbe Blüten hat und eine Sumpfpflanze ist, der Knollige Hahnenfuß *(R. bulbosus),* dessen Wurzelstock knollig ist, und der Acker-Hahnenfuß *(R. arvensis),* der charakteristische, stachelige Früchte hat. Der Gift-Hahnenfuß ist die giftigste Art der Gattung.

3

Wirksame Substanz:
Protoanemonin
Giftige Teile: alle Organe
Heilwirkung: –
Herkunft: Europa, Nordafrika
Gefährlichkeit: X

2a
2b
1

Kriechender Hahnenfuß Hahnenfußgewächse
Ranunculus repens L. *Ranunculaceae*

Das weite Verbreitungsgebiet des Kriechenden Hahnenfußes *(R. repens)* (Abb. 1) reicht von Europa bis zur Halbinsel Kamtschatka. Diese Art ist ökologisch sehr anpassungsfähig, sie gedeiht ebenso auf nassen wie auf trokkenen Standorten. Der Kriechende Hahnenfuß gehört zu den ersten Ansiedlern auf Schutt- und Abfallplätzen. Er vermehrt sich hauptsächlich auf vegetativem Wege, indem seine niederliegenden Ausläufer schnell wurzeln. Diese ausdauernde Pflanze wird etwa 30 cm hoch. Der Stengel hat zahlreiche kriechende Ausläufer, die an den Blattansätzen wurzeln. Die Grundblätter sind gestielt und dreizählig. Der blütentragende Stengel ist fast blattlos. Die Pflanze blüht von Mai bis August. Die Blüten sind goldgelb und bis 3 cm im Durchmesser. Die Form der Früchte ist ein wichtiges Unterscheidungsmerkmal der Hahnenfußarten. Als Beispiele werden die Nüßchen von *R. arvensis* (Abb. 2), *R. bulbosus* (Abb. 3) und *R. repens* (Abb. 4) gezeigt. Die Giftigkeit des Kriechenden Hahnenfußes entspricht der des Scharfen Hahnenfußes. Gefährlich wird er vor allem dadurch, daß er irrtümlich Blattgemüse beigemengt werden kann, da er als Unkraut in Gartenkulturen häufig ist. Beschrieben sind Fälle von Vergiftungen u. a. mit tiefgekühltem Spinat. Es sind Augenentzündungen bei Kindern aufgetreten, die sich nach dem Pflücken von Hahnenfuß mit den verunreinigten Händen die Augen gerieben hatten. Die südafrikanischen Arten *R. capensis* und *R. pinnatus* sind bekannt durch ihre Verwendung in der heimischen Volksheilkunde.

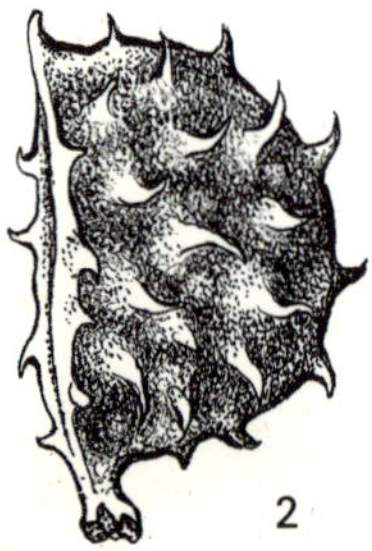

2

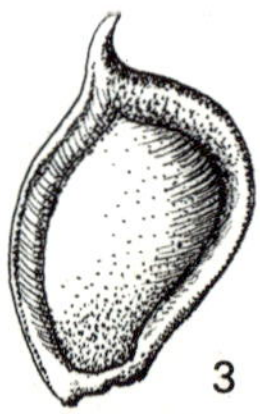

3

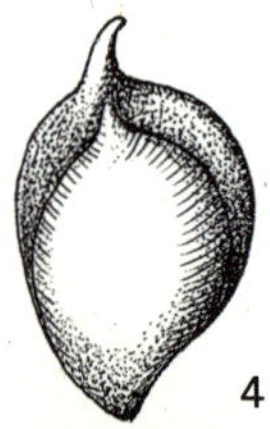

4

Wirksame Substanz:
Protoanemonin
Giftige Teile: alle Organe
Heilwirkung: –
Herkunft: Europa, Asien
Gefährlichkeit: X

1

Purgier-Kreuzdorn *Rhamnus catharticus* L.

Kreuzdorngewächse *Rhamnaceae*

Die Gattung *Rhamnus* (Kreuzdorn) umfaßt etwa 150 Arten, die in der gemäßigten Zone der nördlichen Halbkugel verbreitet sind. Der Purgier-Kreuzdorn *(R. catharticus)* (Abb. 1) ist in Mittel- und Südeuropa, in Sibirien und in Nordafrika heimisch. Er gedeiht in Auwäldern, Eichenbeständen und Gebüschen. Dieser ausladende Strauch wird bis 3 m hoch. Die Blätter sind gegenständig, die Zweigenden verdornen. Die verschieden gestalteten, einfachen Blätter stehen in Bündeln auf älteren Ästen, sie sind am Rande gesägt bis gezähnt. Die unauffälligen, grünlich gefärbten und duftenden Blüten öffnen sich im Mai und Juni. Sie stehen in wenigblütigen Trugdolden. Die reifen Früchte sind schwarz gefärbt und etwas größer als eine Erbse (Abb. 2). Auch der Faulbaum *(R. frangula)* (Abb. 3) hat strauchartigen Wuchs. Die fünfzähligen Blüten sind gelbgrün, die Steinfrüchte schwarzviolett und enthalten drei Samen. Zusammen mit weiteren Arten der Gattung benutzt ihn die Pharmazie als natürliches Abführmittel. Vor allem in den Früchten, weniger in der Rinde, kommen giftige Anthrazen-Glykoside vor. Diese wirken in therapeutischen Dosen abführend. Da sie aber erst im Dickdarm wirksam werden, dauert es einige Zeit, bis sie aktiv werden. Bei ungeduldigen Patienten kann es vorkommen, daß diese, um die Wirkung zu beschleunigen, zuviel einnehmen, was zu gefährlicher Überdosierung führt. Die Vergiftungssymptome äußern sich in heftigem, blutigem Durchfall, in Erbrechen und Fieber. Bei Tieren kommt es selten zu Vergiftungen, da diese den bitteren Geschmack des Purgier-Kreuzdorns meiden. Gleichartige Wirkstoffe sind auch in der verwandten Art, dem Faulbaum, enthalten, der eine ähnliche geographische Verbreitung hat. Bei ihm ist Frangularosid in der frischen Rinde wirksam und erregt Brechreiz. In den USA wird vor allem die Baumrinde von *R. purshianus* genutzt, die abführend wirkende Anthrazen-Derivate vom Aloin- und Cascarosid-Typus enthält. Auch hier kommt es bei Überdosierung zu Vergiftungssymptomen.

3

Wirksame Substanz:
Anthrazen-Glykoside
(z. B. Frangula-Emodin)
Giftige Teile: Frucht, Rinde, Samen
Heilwirkung: Abführmittel
Herkunft: gemäßigte Zone
der nördlichen Hemisphäre
Gefährlichkeit: X

2

1

Rostblättrige Alpenrose Heidekrautgewächse
Rhododendron ferrugineum L. *Ericaceae*

Die Gattung *Rhododendron* umfaßt im weitesten Sinn die stattliche Anzahl von 1300 Arten, deren Entwicklungszentren in den Bergen Mittel- und Ostasiens, besonders im Himalaya sowie in der gemäßigten Zone Nordamerikas liegen. In Europa kommen sechs Arten vor, in Australien und Afrika sind Arten dieser Gattung nicht vertreten. Die Rostblättrige Alpenrose *(R. ferrugineum)* (Abb. 1a) wächst an kühlen, feuchten Nordhängen des Alpengebiets auf saurem Untergrund.

Der langsam wachsende und dicht verzweigte immergrüne Strauch wird 1 m hoch. Die lederartigen Blätter sind oberseits dunkelgrün, unterseits und auf den jungen Trieben mit rostroten Drüsen besät. Er blüht je nach Höhe des Standorts von Mai bis in den Sommer. Die Dolden sind drei- bis zehnblütig. Die Blüten sind tiefrot gefärbt, fünfzählig, der Fruchtknoten ist oberständig (Abb 2) Die Kapsel (Abb. 3) öffnet sich in fünf Spalten, die winzigen Samen gehören zu den kleinsten und leichtesten im ganzen Pflanzenreich.

Rhododendren und Azaleen gehören zu den prächtigsten Zierhölzern von Parkanlagen und Gärten. Viele buntgefärbte Formen und auch niedrige Zwergsträucher für Steingärten sind durch Kreuzung herangezüchtet worden. Entgegen früheren Angaben kommt angeblich in der Rostblättrigen Alpenrose wenig Andromedotoxin vor. Die Art enthält in den Blüten und Blättern ätherische Öle sowie Arbutin. Beim Menschen kommt es nur selten zu Vergiftungen. Die Ursachen sind Überdosierungen bei Selbstbehandlung oder der Genuß von Honig der Alpenrosen. Die Symptome einer Vergiftung sind Brennen im Mund, Speichelfluß, Erbrechen, Durchfall, kalter Schweißausbruch, Schluckbeschwerden und Sprechbehinderung. Im Ernstfall treten verlangsamte Herztätigkeit, kaum fühlbarer Puls, Atemnot hinzu, und auf das Koma folgt Tod durch Stillstand der Atmung. In Europa, Asien und Amerika sind Vergiftungen von Schafen, Ziegen, Rindern und Pferden nach dem Abweiden der verschiedensten Rhododendren- und Azaleenarten beschrieben worden. Die gelbblühenden, laubabwerfenden Azaleen (z. B. *R. luteum* Abb. 1b) werden von manchen Autoren in der selbständigen Gattung *Azalea* zusammengefaßt. Die in Nordamerika heimische und in den Appalachen wildwachsende *Kalmia latifolia* (Abb. 4) ist mit den Rhododendren nahe verwandt und enthält gleichfalls das giftige Andromedotoxin; es sind zahlreiche Tiervergiftungen bekannt.

3

Wirksame Substanz: Andromedotoxin (toxisches Diterpen)
Giftige Teile: Blüten und Blätter
Heilwirkung: blutdrucksenkend
Herkunft: Alpen
Gefährlichkeit: (X)

2
1b
1a
4

Wunderbaum, Ricinus — Wolfsmilchgewächse
Ricinus communis L. — *Euphorbiaceae*

Der Wunderbaum *(R. communis)* (Abb. 1) stammt sehr wahrscheinlich aus dem nordöstlichen tropischen Afrika und ist eine von altersher bekannte Ölpflanze. Heute ist er in den Tropen und Subtropen der meisten Weltteile verbreitet. Das Öl diente früher für die Beleuchtung, manchmal auch als Heilmittel. Heute wird es als nicht austrocknendes Maschinen-Schmieröl vielfach verwendet. Die Jahresproduktion von Rizinus-Samen beträgt 500—800 000 Tonnen, die größten Produzenten sind Brasilien, Indien, die UdSSR, Thailand und afrikanische Staaten. In den gemäßigten Zonen ist der Wunderbaum einjährig, in den Tropen und Subtropen ausdauernd und wird gelegentlich 10 bis 12 m hoch. Die Blätter sind gestielt, sehr groß und handförmig geteilt. Die männlichen Blüten stehen am Grunde, die weiblichen an der Spitze der Rispe. Erstere sind gelbgrün gefärbt und haben zahlreiche Staubblätter (Abb. 2), letztere sind grünlich gefärbt und haben einen oberständigen, dreifächerigen Fruchtknoten (Abb. 3). Die Früchte sind sehr variabel, sie können eiförmig oder kugelig, stachelig oder unbestachelt sein (Abb. 4a, b). Die Samen sind ebenfalls sehr variabel, abgeflacht und graumarmoriert (Abb. 5). Der giftige Wirkstoff der Rizinus-Samen ist das Ricin (Phytotoxin). Es gehört mit zu den giftigsten natürlichen Wirkstoffen. Bereits eine Dosis von 0,25 mg ist für den Menschen tödlich. Ricin zersetzt sich im Körper nicht, sondern wird direkt aufgenommen. Da es die Protein-Synthese verhindert, können lebensnotwendige metabolische Prozesse nicht mehr ablaufen. Zehn Samen sind für den Erwachsenen tödlich, bei Kindern genügen 2 bis 3. Die Vergiftung verläuft langsam, sie äußert sich erst nach 10 und mehr Stunden, wenn es für eine Rettung zu spät ist. Die Symptome sind Erbrechen, blutiger Durchfall, kalter Schweiß, Durst und Brennen im Mund, Blaufärbung der Haut, Herzbeschwerden und Krämpfe. Der Tod tritt durch Stillstand der Atmung und Herztätigkeit ein. Vergiftungen bei Kindern können durch Verwechslung mit ähnlichen Bohnen vorkommen. Tiere vertragen relativ höhere Gaben als Menschen. Rizinusöl wird in der Medizin als Abführmittel verwendet.

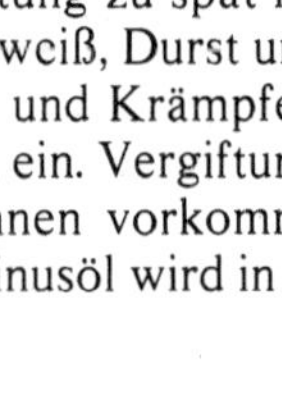
3

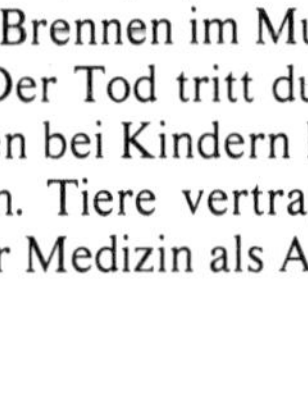
2

Wirksame Substanz:
Ricin (Phytotoxin)
und Ricinin (Alkaloid)
Giftige Teile: Samen
Heilwirkung: Abführmittel
Herkunft: Nordostafrika (?)
Gefährlichkeit

5
1
4a
4b

Gartenraute, Krätzraute
Ruta graveolens L.

Rautengewächse
Rutaceae

Der Mittelpunkt des Verbreitungsgebietes der Gartenraute *(R. graveolens)* (Abb. 1) liegt in Süd- und Südosteuropa. Wildwachsend kommt sie in mediterranen Karstgebieten vor, allerdings oft auch als verwilderte Form der von altersher angebauten Gewürz- und Heilpflanze. Dieser ausdauernde, am Grund verholzende aromatische Halbstrauch wird bis 80 cm hoch. Die zwei- oder dreifach gefiederten Blätter sind sehr dekorativ, oberseits gelbgrün, unterseits bläulich bereift. Die Gartenraute blüht von Juni bis August. Die fünfzähligen Endblüten (Abb. 2a) und vierzähligen seitlichen Blüten (Abb. 2b) stehen in Wickeln; sie sind grüngelb gefärbt. Die Staubblätter überragen die Kronblätter. Die vier- bis fünflappige Kapsel (Abb. 3) enthält die braun gefärbten, kantigen Samen. Giftig sind gewisse Wirkstoffe in ihrem ätherischen Öl, besonders Ketone und Furokumarine, die im Rautenkraut enthalten sind. Auch die zahlreichen Kumarine und ein Glykosid vom Kumarin-Typus, das Rutarin oder Marmesin, sind wahrscheinlich ebenso giftig wie die in der jüngsten Zeit isolierten Alkaloide vom Akridin-Typus, z. B. das Gravakridondiol. Die ätherischen Öle und Furokumarine wirken äußerlich sehr hautreizend. Viele Menschen können ohne Handschuhe die Gartenraute nicht einmal pflücken, denn sonst bilden sich Geschwüre und blasenwerfende, von Fieber begleitete Ausschläge an den Händen und der Gesichtshaut. Sie können zu langwierigen Erkrankungen führen. Falsche Dosierungen von Gartenrautenextrakten oder -aufgüssen verursachen Entzündungen der Mundhöhle und des Verdauungstraktes, die sich in Erbrechen, Durchfällen, Allgemeinschwäche manchmal bis zum Kollaps äußern. Nierenentzündungen und Leberschädigungen als Folge schwerer Rautenvergiftungen sind äußerst gefährlich. Bei schwangeren Frauen kann es zu Fehlgeburten, manchmal auch mit tödlichem Ausgang, kommen. Die Gartenraute dient als Gewürz.

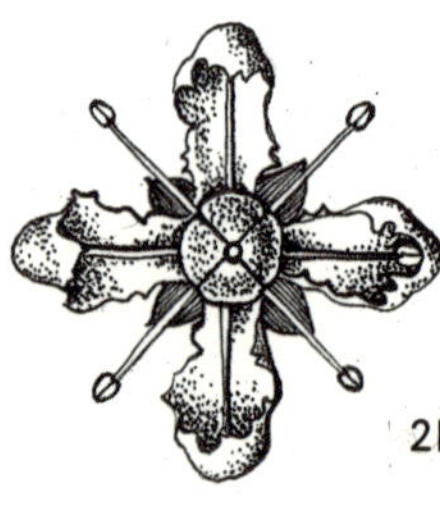

2b

3

Wirksame Substanz:
ätherisches Öl, Ketone
Furokumarine, Alkaloide
Giftige Teile: alle Organe
Heilwirkung: –
Herkunft: Süd- und Südosteuropa
Gefährlichkeit: †

2a
1

Glockenbilsenkraut, Tollkraut
Scopolia carniolica Jacq.

Nachtschattengewächse
Solanaceae

Die Gattung *Scopolia* umfaßt nur 4 Arten, die alle eurasischer Herkunft sind. Das Glockenbilsenkraut *(S. carniolica)* (Abb. 1) ist in den Ostalpenländern, Kärnten, Steiermark sowie in den Ostkarpaten heimisch und wurde weiter nach Osten verschleppt. Es wächst in schattigen Laubwäldern, Schluchten und Tälern höherer Gebirgslagen. Diese ausdauernde Pflanze wird bis 50 cm hoch und hat einen kräftigen Wurzelstock. Die Blätter sind wechselständig und mattgrün gefärbt. Die Pflanze blüht von April bis Juni. Die langgestielten Einzelblüten sind etwa 3 cm lang, glockig und ähneln den Stechapfelblüten *(Datura stramonium)*. Auf der Außenseite sind sie bräunlich-rot, innen olivgrün gefärbt. Die Frucht ist eine runde Deckelkapsel, die Samen werden 3 bis 4 mm lang. In den Wurzeln enthält das Glockenbilsenkraut giftige Tropan-Alkaloide, vor allem L-Hyoscyamin. Das Verhältnis der einzelnen Alkaloide ähnelt dem der Tollkirsche *(Atropa bella-donna)*. In den Ostkarpaten ist die Pflanze für Giftmorde benutzt worden. Unbeabsichtigte Vergiftungen sind selten. Die Vergiftungssymptome äußern sich wie bei der Tollkirsche *(Atropa bella-donna)*. Bei Haustieren sind nicht viele Fälle von Vergiftungen bekannt, beschrieben sind nur solche von Jungtieren und von Rindern, die mit verunreinigtem Heu gefüttert worden waren. Im späten Mittelalter wurde das erstmals von P. A. Matthioli 1558 beschriebene Glockenbilsenkraut in kurzer Zeit zu einer wichtigen Droge. Das alte Majolika-Gefäß (Abb. 2) stammt aus einer holländischen Apotheke. Die Droge wurde als Narkotikum und für Zauber- und Liebestränke verwendet. Der Genuß führte ausnahmslos zum Tod.

2

Wirksame Substanz:
L-Hyoscyamin (Tropan-Alkaloide)
Giftige Teile: alle Organe, besonders die Wurzeln
Heilwirkung: –
Herkunft: Ostalpenländer bis Karpaten
Gefährlichkeit: ☠

1

Scharfer Mauerpfeffer
Sedum acre L.

Dickblattgewächse
Crassulaceae

Mit ihren etwa 500 Arten ist die Gattung *Sedum* vor allem auf der nördlichen Halbkugel vertreten, Entwicklungszentren sind im Himalaya, in Ostasien und Mexiko. Der Scharfe Mauerpfeffer *(S. acre)* (Abb. 1) ist heimisch in Europa, Nordafrika und kommt in Asien bis zum Altaigebirge vor. Er wächst auf Mauern und Kieswegen, in Geröll und Felsspalten und liebt trockene, sonnige Standorte. Als sehr beliebte Steingartenpflanze kommt der Mauerpfeffer in einer Reihe von gezüchteten Varietäten vor. Die etwa 10 cm hohe, dickblättrige, ausdauernde Pflanze bildet dichte Polster. Ihr Wurzelstock ist dünn, aber reich verzweigt, die Stengel sind aufsteigend. Die nichtblühenden Stengel tragen 3 bis 10 mm lange, fleischige Blätter, die Stengel mit der armblütigen Trugdolde sind nur selten beblättert. Die ganze Pflanze schmeckt brennend scharf. Sie blüht von Mai bis August. Die Blüten sind kurzgestielt und fünfzählig (Abb. 2). Die Kronblätter sind hellgelb gefärbt. Die abstehenden Balgfrüchte springen bei Regen auf und die winzigen Samen werden herausgeschwemmt. Der Scharfe Mauerpfeffer enthält eine Reihe unterschiedlicher Wirkstoffe. Unter ihnen befinden sich einige organische Säuren (Isocitronensäure), Zucker (Seduheptulose), Alkaloide (Sedamin, Sedridin und Sedinin). Sämtliche gefundenen Alkaloide sind giftig. Die Gesamtmenge beträgt, umgerechnet auf die Trockenmasse, 0,27 %. Die einzelnen Alkaloide können in schwankender Menge vertreten sein, auch ist es nicht ausgeschlossen, daß es innerhalb der Art chemische Rassen gibt. Die Alkaloide wirken örtlich hautreizend und pupillenerweiternd. Ihr Genuß verursacht Erbrechen, Betäubung, Lähmung und bei starken Vergiftungen Stillstand der Atmung. Vergiftungen durch den Scharfen Mauerpfeffer sind jedoch weder bei Menschen noch bei Tieren nicht häufig. In der Homöopathie wendet man die Pflanze bei blutenden Hämorrhoiden an.

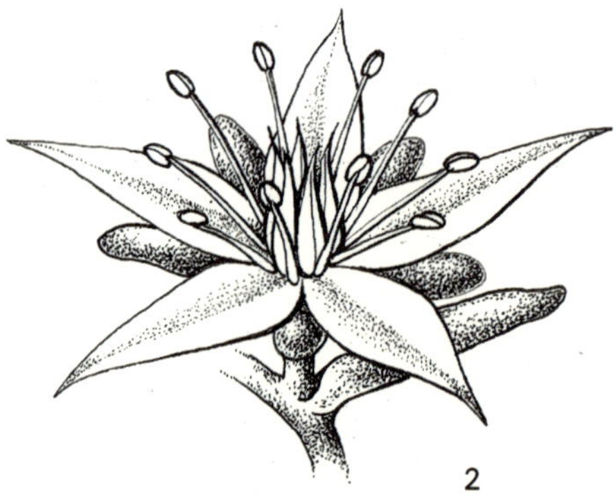

2

Wirksame Substanz:
Sedamin, Sedridin, Sedinin (Alkaloide)
Giftige Teile: alle Organe
Heilwirkung: –
Herkunft: Europa, Nordafrika, in Asien bis zum Altai
Gefährlichkeit: (X)

1

Jakobskraut, Greiskraut *Senecio jacobaea* L.

Korbblütengewächse
Asteraceae

Die Gattung *Senecio* (Jakobs- oder Greiskraut) enthält etwa 1500 auf der ganzen Welt verbreitete Arten. Sie sind morphologisch z. T. sehr verschieden und haben auch ganz verschiedene ökologische Ansprüche. Das Jakobskraut *(S. jacobaea)* (Abb. 1) hat eine eurosibirische Verbreitung und geht südlich bis nach Nordafrika. Es kommt häufig auf Wiesen, Weiden und an Rainen vor. Diese zwei- oder mehrjährige Pflanze wird 80 cm hoch. Der Stengel ist kantig und hat Rillen, er verzweigt sich in der oberen Hälfte. Die Grundblätter sind lyraförmig, die Stengelblätter fiederteilig. Zur Blütezeit, die von Juni bis September dauert, sind die Grundblätter schon abgestorben. Die Scheinblüten sind 1,5 bis 2 cm groß. Ihr Samenboden ist spreulos. Sie sind gelbgefärbt und enthalten etwa 15 äußere Zungenblüten und bis 80 innere Röhrenblüten. Die zylindrischen Schließfrüchte tragen eine zweimal so lange, leicht abfallende Haarkrone (Abb. 2a, b). Das Jakobskraut enthält besonders in der Wurzel das Alkaloid Jacobin, auch Senecionin kommt vor. Beide wirken sehr toxisch auf die Leber. Am häufigsten kommt es zu Vergiftungen von Rindern und Pferden nach dem Abweiden von Jakobskraut: sie äußern sich in schlechter Verdauung, Gelbsucht, Blindheit, Taumeln und Kollaps. In Mitteleuropa ist eine schwere Pferdekrankheit bekannt, die von dieser und zwei verwandten Arten *(S. barbareifolius* und *S. aquaticus)* hervorgerufen wird. Eine ähnliche Krankheit ist in Südafrika als „Molteno Disease" beschrieben; sie äußert sich bei Pferden und Rindern in Leberkrankheiten und bricht nach dem Abweiden der dort sehr zahlreichen Greiskrautarten aus. Die gleichen Ursachen haben die in Neuseeland und Australien beschriebenen Erkrankungen wie die Winton-Krankheit und die Pictou-Krankheit. In der Medizin werden die Senccio-Alkaloidc vorläufig nicht angewendet. Nur die Homöopathie empfiehlt sie gegen Darmparasiten und bei Frauenkrankheiten.

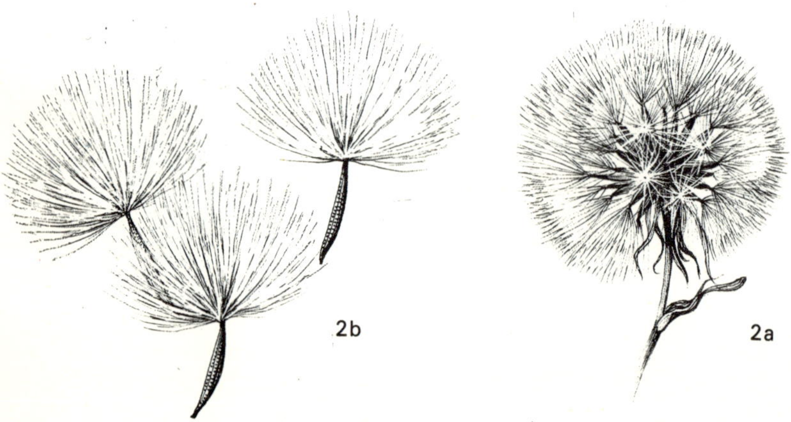

2b 2a

Wirksame Substanz:
Jacobin, Senecionin (Alkaloide)
Giftige Teile: alle Organe, besonders die Wurzel
Heilwirkung: –
Herkunft: Europa, Asien und Nordafrika
Gefährlichkeit: X

Bittersüßer Nachtschatten
Solanum dulcamara L.

Die Gattung *Solanum* (Nachtschatten) ist mit ihren über 1500 Arten vor allem in den Subtropen der ganzen Welt verbreitet. Besonders viele Arten kommen in Zentral- und Südamerika vor. Der in Eurasien verbreitete Bittersüße Nachtschatten *(S. dulcamara)* (Abb. 1) wächst in Auwäldern, im Überschwemmungsgebiet von Wasserläufen, sekundär auch auf feuchten Schuttplätzen in der Nähe menschlicher Siedlungen. Diese ausdauernde Pflanze hat einen am Grunde verholzenden, bis 2 m langen, windenden Stengel. Die Blätter sind länglich-eiförmig, oft gelappt. Der Bittersüße Nachtschatten blüht von Juni bis August. Die Blüten sind fünfzählig und haben eine violette Krone, sie stehen in Doldentrauben. Die ovalen, glänzend roten Beeren enthalten linsenförmige Samen. Der Bittersüße Nachtschatten enthält steroide Glykolalkaloide und Saponine. In den Wurzeln wurden etwa 8 Alkamine (u. a. Soladulcidin, Solasodin, Tomatidin) gefunden, während das Kraut zumeist nur ein einziges Alkaloid (Soladulcin) enthält. Die Früchte sind besonders vor der Reife giftig. In und nach der Reife enthalten sie nur noch neutrale, weniger giftige Saponine. Beschrieben sind Vergiftungen bei Kindern nach Genuß von 6 bis 8 unreifen Beerenfrüchten. Die Symptome sind Unwohlsein, Erbrechen, Durchfall, die Anzahl der roten Blutkörperchen geht zurück, Allgemeinschwäche, Zungenlähmung, Schluck- und Atmungsbeschwerden; in Ausnahmefällen tritt der Tod durch Stillstand der Atmung und Herztätigkeit ein. Bei Haustieren sind Vergiftungserscheinungen mit Verdauungsstörungen durch den Bittersüßen Nachtschatten bekannt. Ähnlich wirkt auch der Schwarze Nachtschatten *(S. nigrum)*. Auch die Alraunwurzel *(Mandragora officinarum)* gehört in diese Familie. Im Spätmittelalter gehörte sie zu den meistgeschätzten magischen Pflanzen. Ihre angeblichen übernatürlichen Kräfte beruhten auf einer Ähnlichkeit der Wurzelform mit der menschlichen Gestalt (Abb. 2). Sie galt als schmerzstillend, empfängnisfördernd und wurde als Aphrodisiakum gehandelt. Die Alraunwurzel enthält giftige Tropan-Alkaloide.

Wirksame Substanz:
Glykolalkaloide (u. a. Soladulcidin und Soladulcin) und Saponine
Giftige Teile: alle Organe
Heilwirkung: –
Herkunft: Eurasien
Gefährlichkeit: X

2

1

Strophantus Hundsgiftgewächse

Strophanthus hispidus DC. *Apocynaceae*

Die in den Tropen Äquatorialafrikas und Asiens heimische Gattung *Strophanthus* umfaßt etwa 50 Arten. *S. hispidus* (Abb. 1) ist an der Westküste des tropischen Afrikas von Senegal bis Sierra Leone heimisch. Seit 1886 wurden die Samen dieser Pflanze in den meisten westeuropäischen Staaten, in den USA und in Südamerika als Heilmittel genutzt. In Südostafrika, von Sambia nach Norden bis Kenia, gedeiht *S. kombé,* auch die Samen dieser Art galten offizinell als Heilmittel. Eine weitere Art *(S. gratus)* wächst im tropischen Westafrika südlich von Sierra Leone bis Angola. Heute, nach hundert Jahren, sind Pharmazie und Medizin nach wie vor an *S. gratus* und *S. kombé* sehr interessiert.

S. hispidus ist eine Liane mit kreuzständigen, eiförmig-elliptischen Blättern. Sie ist ganz mit steifen, hellgelben Haaren bedeckt. Ihre fünfzähligen Blüten sind sehr auffallend, weiß gefärbt und haben rote Flecken im Blütenschlund. Der Kelch ist trichterförmig, die Kronblätter haben lappige Fortsätze. Die bis 30 cm langen, spitz auslaufenden und bis 5 cm dicken Kapseln (Abb. 2) stehen zu zweit in waagrechter Lage einander gegenüber. Sie sind mit etwa haferflockengroßen Samen gefüllt, die eine lange, flaumhaarige Flugeinrichtung besitzen (Abb. 3). Die anderen Strophanthusarten sind entweder Lianen oder Sträucher und unterscheiden sich untereinander durch Gestalt, Größe und Farbe der Blüten und Früchte. Alle genannten Arten enthalten vor allem in den Samen (3,5 bis 8 %) äußerst giftige, herzwirksame Glykoside (Strophantine). Von größter Bedeutung sind g-Strophantin (Ouabain) und k-Strophantin. Aus ihnen werden Herzmittel hergestellt, die injiziert werden müssen, da sie oral schlecht aufgenommen werden. Die tödliche Strophantindosis beträgt 0,005 g. Zu Vergiftungen kann es nur bei Überdosierung kommen, tödliche Fälle enden mit Starrkrampf und Stillstand der Herztätigkeit. Seit jeher benutzen die Eingeborenen Samen-, Früchte-, Rinden- und Wurzelextrakte zur Herstellung von Pfeilgiften mit garantiert tödlicher Wirkung.

Wirksame Substanz:
Strophantin
u. a. Glykoside
Giftige Teile: alle Organe,
besonders die Samen
Heilwirkung: wichtiges Herzmittel
Herkunft: Westafrika
Gefährlichkeit: ☠

2
1
3

Strychninbaum, Brechnuß Logangewächse
Strychnos nux-vomica L. *Loganiaceae*

Der Strychninbaum *(S. nux-vomica)* (Abb. 1) ist in Vorder- und Hinterindien beheimatet, wo er in tropischen Urwäldern gedeiht. Durch den Menschen wurde er nach Ceylon, Malaysia und Nordaustralien gebracht. Der Strauch oder Baum wird bis 15 m hoch und trägt gegenständige, glänzend lederartige Blätter. Die fünfzähligen, kleinen, weiß gefärbten Blüten stehen in Trugdolden. Die Krone ist 1 cm lang. Die Beeren ähneln, auch in der Farbe, kleinen Orangen (Abb. 2a, b), im weißlichen, gallertartigen Fruchtfleisch befinden sich die 3 bis 8 knopfförmig flachen Samen (Abb. 3). Alle Teile dieses Baumes sind giftig. Die Blätter enthalten 2%, die Rinde 8% und die Samen 2 bis 3% Indol-Alkaloide. Die für den Erwachsenen tödliche Strychnindosis bewegt sich zwischen 0,02 und 0,03 g. Brucin, das ebenfalls in der Pflanze vorkommt, ist etwa 50 mal weniger giftig. Es ist wie Strychnin ungemein bitter und dient als Standard beim Vergleichen von Bitterkeitsgraden.
Eine Strychninvergiftung äußert sich durch Krämpfe, die zuerst die Gesichts- und Nackenmuskeln ergreifen, dann den ganzen Körper, dieser wird bogenförmig zu Boden gerissen, so daß der Vergiftete mit Hinterkopf und Fersen aufliegt und nach mehreren Anfällen bei vollem Bewußtsein an Lähmung der Atemmuskulatur erstickt. Strychnin wurde früher oft als Rattengift benutzt. In den Tropen bilden Extrakte aus verschiedenen Teilen des Strychninbaumes einen Bestandteil der tödlichen Pfeilgifte. In Europa ist Strychnin seit dem 15. Jh. als Gift bekannt. Erst später wurde es in die Medizin eingeführt. In kleinen Gaben wirkt es belebend auf die Muskeltätigkeit, die Atmung und den Blutkreislauf. Daher werden seine Verbindungen, Strychninsäuren und Strychninoxyde, als Analeptika, wiederbelebende, anregende Arzneimittel und Roborantia, stärkende Arzneimittel, verwendet. Das bekannte Pfeilgift der südamerikanischen Indianer, das Curare, ist der zu einer festen Masse verdickte Extrakt aus verschiedenen, dort gedeihenden *Strychnos-* und *Chondodendron-*Arten, vor allem aus *S. toxifera, S. castelnaei* und *S. crevauxii.* Das Pfeilgift wird aus dem Dschungel in Kalebassen oder von den Indios selbstverfertigten Bambusrohren und Tontöpfen (Abb. 4) weiterbefördert.

4

Wirksame Substanz:
Strychnin und Brucin
(Indol-Alkaloide)
Giftige Teile: alle Organe
Heilwirkung: als Analeptica und
Roborantia
Herkunft: Vorder- und Hinterindien
Gefährlichkeit: ☠

2b
3
1
2a

Eibe
Taxus baccata L.

Eiben
Taxaceae

Die Eibe *(T. baccata)* (Abb. 1) hat eine Verbreitung, die von Europa bis in den Nordiran reicht; im Mittelmeergebiet kommt sie in Gebirgsregionen vor. Der früher häufige, durch die vielen Rodungen im Mittelalter selten gewordene schöne Baum wird heute als Zierbaum in Parkanlagen und Gärten gepflanzt. Die Reste natürlicher Eibenbestände stehen überall unter Naturschutz. Der immergrüne Nadelbaum oder Strauch wird 5 bis 10 m hoch. Die Pflanze hat ein großes Wurzelwerk und wächst sehr langsam, Holz und Nadeln enthalten kein Harz. Die flachen und weichen Nadeln sind oberseits dunkelgrün, unterseits blaßgrün. Die Eibe beginnt erst nach 10 Jahren zu blühen. Sie ist zweihäusig, die Blüten werden bereits im Herbst vorgebildet. Die männlichen Blüten sind köpfchenähnlich (Abb. 2), die weiblichen ähneln Blattknospen. Die schwärzlichen Samen, die von Vögeln verbreitet werden, sind von einem roten fleischigen Samenmantel (Epimatium) (Abb. 3) umgeben. Dieser Fruchttyp ist eine Scheinbeere. Sämtliche Pflanzenteile mit Ausnahme des Fruchtfleisches sind giftig. Sie enthalten das stark giftige Alkaloid Taxin sowie eine geringe Menge von Begleitalkaloiden und das Glykosid Taxicatin. Das meiste Taxin ist im Winter in den Nadeln (2 %) enthalten. Bereits ein Aufguß aus 50 bis 100 g Nadeln oder 30 Früchte sind für den Erwachsenen tödlich. Gefährdet sind vor allem Kinder, die sich entweder durch Kauen der jungen Triebe oder Genuß der Samen im Fruchtfleisch einer Vergiftung aussetzen. Diese hat einen sehr schnellen Verlauf, denn das Taxin wird im Verdauungstrakt rasch absorbiert. Es wirkt auf das Herz und die Gefäße und verursacht Erbrechen und Bauchschmerzen, schmerzhaften Durchfall, erweiterte Pupillen, Blässe, Versagen des Blutkreislaufs und Krämpfe. Es kann zu Bewußtlosigkeit und zum Tod durch Stillstand der Herztätigkeit und Atmung kommen. Dieser tritt bei schweren Vergiftungen schon nach einer Stunde ein. Beschrieben sind Pferdevergiftungen nach Verzehren junger Eibentriebe, die in wenigen Minuten zum Tode führten.

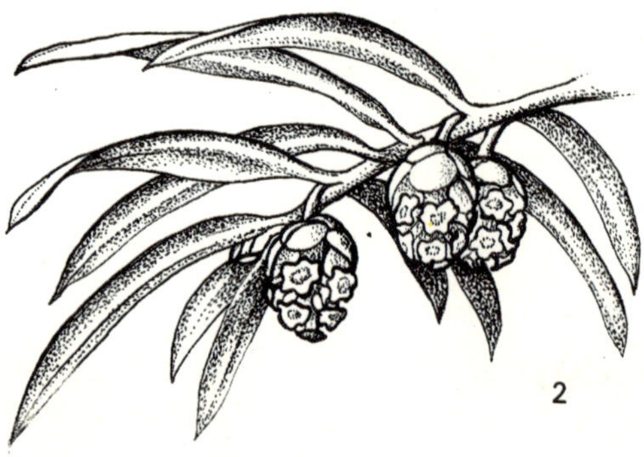

2

1

3

Wirksame Substanz:
Taxin (Alkaloid)
Giftige Teile: alle Organe mit Ausnahme des Samenmantels
Heilwirkung: –
Herkunft: Europa, Vorderasien
Gefährlichkeit: ☠

Giftsumach

Toxicodendron quercifolium (Michx.) Greene
Syn. *Rhus toxicodendron* L.

Anacardiengewächse
Anacardiaceae

Der Giftsumach *(T. quercifolium)* (Abb. 1) ist in den USA und in Südkanada heimisch. Er wächst auf Weideplätzen, an trockenen, felsigen und auch ruderalen Orten. Anders als die verwandten Arten, von denen technische Rohstoffe für Lacke, Wachse und Gerbstoffe gewonnen werden, wird er, außer als Zierpflanze, nicht genutzt. Der kleine, etwa 1 m hohe Strauch hat einen gelben Milchsaft. Die Äste sind aufsteigend und tragen langstielige, wechselständige, dreizählige Blätter. Der Giftsumach blüht von Mai bis Juni. Die kleinen, zweihäusigen, fünfzähligen Blüten (Abb. 2a, b) stehen in gestielten, behaarten Rispen. Die Kronblätter sind weißlichgrün gefärbt und haben einen roten Fleck. Die gelben Steinfrüchte sind etwa erbsengroß (Abb. 3). Der Giftsumach enthält im Milchsaft (Latex) eine Reihe giftiger Verbindungen, besonders Uroshiol. Das Uroshiol verursacht ernste Hautentzündungen. Die bloße Berührung mit dem Latex bewirkt Hautallergien: um die Berührungspunkte erscheinen blasenbildende, juckende rote Flecken. Selbst die geringe Menge von 0,001 mg führt Hautentzündungen herbei, die mit Unwohlsein und Fieber einhergehen. Nach zufälligem Genuß von Giftsumach stellen sich Schwindelzustände, Wahnvorstellungen und später Darm- und Nierenentzündungen ein. Die Vergiftungen sind in der Regel nicht tödlich, die Folgen jedoch lange andauernd. Tiere erkranken nach dem Abweiden von Giftsumach an Durchfall und Darmentzündungen, die oft tödlich enden. Aus *R. verniciflua*, einer nahe verwandten, ebenfalls giftigen Art, werden Naturlacke gewonnen.

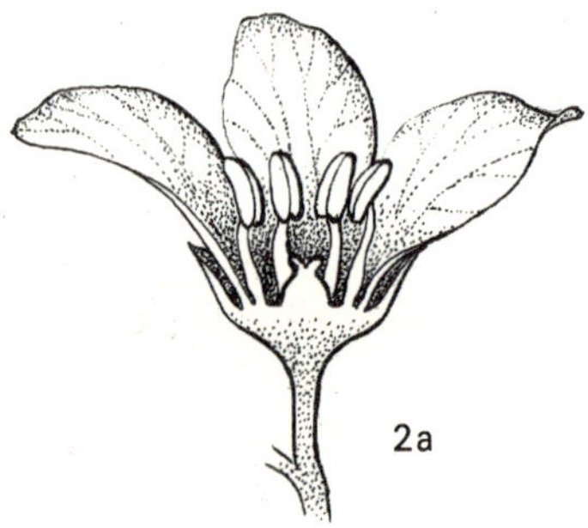

2a

3

Wirksame Substanz: Uroshiol
Giftige Teile: Milchsaft (Latex)
Heilwirkung: –
Herkunft: Nordamerika
Gefährlichkeit: †

2b

1

Trollblume, Kugelranunkel Hahnenfußgewächse
Trollius europaeus L. *Ranunculaceae*

Zur Gattung *Trollius* zählen etwa 25 Arten, die in der gemäßigten bis arktischen Zone der nördlichen Halbkugel heimisch sind. Die Heimat der Trollblume *(T. europaeus)* (Abb. 1) ist Europa, im Süden kommt sie nur im Gebirge vor, ihr Verbreitungsgebiet reicht bis Westsibirien und in die südliche Arktis. Sie ist eine charakteristische Blume der feuchten Bergwiesen. Einige Varietäten wurden als Steingartenpflanzen herausgezüchtet. Diese ausdauernde Pflanze hat einen einfachen, bis 70 cm hohen Stengel. Die Blätter sind handförmig. Die Grundblätter sind langgestielt, die Stengelblätter kleiner und sitzend. Je nach Standort blüht die Trollblume von Mai bis August. Die Einzelblüten sind kugelig und haben einen Durchmesser von bis 3 cm (Abb. 2). Die Kelchblätter sind auffallend leuchtend goldgelb gefärbt, während die Kronblätter in Nektarblätter umgewandelt sind. Die Balgfrüchte werden bis 1, 2 cm lang und haben einen langen Schnabel (Abb. 3). Die Samen sind schwarz gefärbt und etwa 1, 5 mm lang. Die Trollblume enthält das giftige Alkaloid Magnoflorin (kein Berberin, wie im Schrifttum oft zu lesen ist) sowie Isochinolin-Basen und noch nicht näher untersuchte Saponine. Sie enthält nicht (!) das Glykosid Ranunculin und somit auch nicht das aus diesem entstehende Protoanemonin, das andere Vertreter der Hahnenfußgewächse enthalten. Daher ist auch ihre giftige Wirkung anderer Art. Magnoflorin wirkt nicht hautreizend, innerlich bewirkt es nach vorübergehenden Erregungszuständen Abgestumpftheit, Atemnot, einen kaum fühlbaren Puls, kalte Schweißausbrüche, Unwohlsein, Erbrechen und leichte Entzündungen der Harnwege. Die Symptome gleichen denen bei Nikotinvergiftung. Tödliche Fälle sind weder bei Menschen noch bei Tieren bekannt.

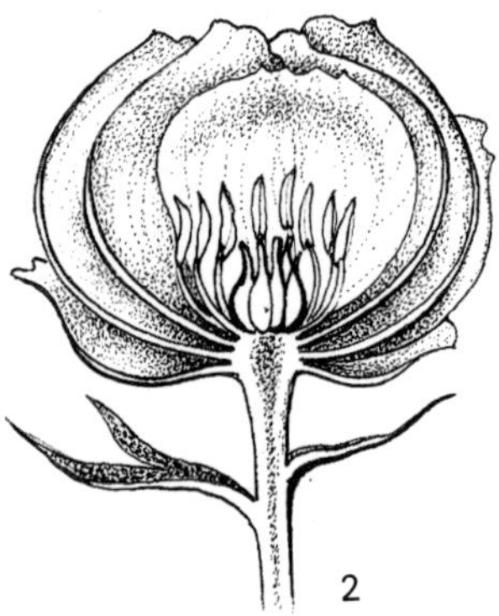

2

Wirksame Substanz:
Magnoflorin (Alkaloid), Saponine
Giftige Teile: alle Organe
Heilwirkung: –
Herkunft: Europa
Gefährlichkeit: (X)

3

1

Meerzwiebel Liliengewächse
Urginea maritima (L.) Baker *Liliaceae*

Die Meerzwiebel *(U. maritima)* (Abb. 1) ist eine typisch mediterrane Art. Sie wächst an allen Mittelmeerküsten (Abb. 2) auf trockenen Hängen, außerhalb und innerhalb der Macchien sowie an den Rainen der Olivenhaine. Ihre beiden Varietäten, die Weiße und die Rote, unterscheiden sich durch die Farbe der äußeren und inneren Zwiebelschuppen und die Schattierung der Blütenblätter. Die weiße Varietät kommt häufiger an den europäischen Küsten, die rote an den afrikanischen vor. Diese ausdauernde Pflanze hat eine große Zwiebel, die oft die Größe eines Kinderkopfes und mehrere Kilogramm Gewicht erreicht. Die Zwiebel der weißen Varietät ist innen grünlichweiß gefärbt und hat einzelne rotviolette Zellen, die rote Varietät ist an der Schnittstelle rotviolett; die Färbung rührt von Anthocyan-Farbstoffen und Gerbstoffpigmenten (Phlobatannin) her (Abb. 3). Nach dem Abblühen, im Herbst oder Frühjahr, treiben die 15 bis 20 Blätter aus; sie sind breit-lanzettlich und verdorren im Sommer. Danach sprießt der bis 150 cm lange blütentragende Stengel aus der Zwiebel. Die Blütenblätter sind reinweiß, grün oder purpurrot überlaufen. Die kugelige Kapselfrucht ist mit eingedrückt flachen, schwarz gefärbten Samen gefüllt. Die Meerzwiebel enthält giftige herzwirksame Glykoside, die in die Gruppe der sogenannten Bufodienolide gehören. Scillaren A ist das häufigste von ihnen. Das wichtigste Glykosid der roten Varietät ist das Scillirosid, das neben starker Herzwirksamkeit auch spezifische giftige Wirkungen auf Ratten und andere schädliche Nagetiere besitzt. Sofern Vergiftungen bei Menschen auftreten, sind sie durch Überdosierungen von Arzneien verursacht. Sie können mit Stillstand der Herztätigkeit enden. Typische Vergiftungserscheinungen sind Verdauungsbeschwerden, Sehstörungen und Herzschwäche. Aufgrund ihrer starken Giftigkeit für Nagetiere, vor allem Haus- und Wanderratten, werden in Ställen Vergiftungsmittel aus der roten Varietät verwendet. Die aus der Meerzwiebel hergestellten Heilmittel haben gegenwärtig in der Pharmazie große Bedeutung.

Wirksame Substanz:
Scillirosid und Scillaren A
(Glykoside)
Giftige Teile: alle Organe, hauptsächlich
die Zwiebel
Heilwirkung: Herzmittel
Herkunft: Küste der Mittelmeerländer
Gefährlichkeit: †

3
1

Weißer Germer, Nieswurz Liliengewächse
Veratrum album L. *Liliaceae*

Die etwa 50 Arten der Gattung *Veratrum* wachsen auf der nördlichen Halbkugel. In Europa ist der Weiße Germer *(V. album)* (Abb. 1) die bekannteste Art. Er kommt in den Gebirgsregionen Eurosibiriens, von den Pyrenäen über die Alpen, Karpaten, den Kaukasus und die skandinavischen Gebirge bis zum Ural, Altaigebirge sowie bis in den Fernen Osten vor. Die Pflanze gedeiht auf feuchten Bergwiesen, alpinen Fluren und steigt bis in die Hochgebirgszone. Die ausdauernde, bis 150 cm hohe Pflanze hat einen kurzen und dicken, reichverzweigten Wurzelstock. Die Blätter sind sehr groß und stehen wechselständig. Sie sind deutlich parallelnervig. Der Weiße Germer blüht von Juni bis August, aber immer erst nach mehreren Jahren vegetativen Wachstums. Die endständigen Traubenrispen werden über 50 cm lang, an ihrer Basis stehen die zweihäusigen und weiblichen Blüten, oben die männlichen. Die Blüten sind weiß oder grünlich gefärbt. Die dreifächerige Kapsel (Abb. 2) platzt auf der Ventralseite auf. Die Samen sind flach, zusammengedrückt, hellbraun gefärbt und geflügelt (Abb. 3). Der Weiße Germer enthält in allen Organen giftige Alkaloide. Die meisten Wirkstoffe sind im Wurzelstock (1—1,6 %) enthalten. Als wirksamste gelten Protoveratrin A und B, Germerin und Germitrin. Die für den Erwachsenen tödliche Dosis beträgt 10 bis 30 mg Alkaloide oder 1 bis 2 g der Droge. Der Tod tritt nach raschem Sinken des Blutdrucks durch Stillstand der Atmung und Herztätigkeit ein. Äußerlich werden starker Niesreiz, Augentränen und Speichelfluß bewirkt. Da weidende Tiere den Germer meiden, kommt es bei ihnen nur selten zu Vergiftungen. Trotzdem sind tödliche Fälle bei Pferden, Rindern, vor allem Kälbern, und Schafen beschrieben, die mit germerhaltigem Heu von Bergwiesen gefüttert worden waren. Die Verwendung des Germers in der Medizin ist auf Spezialbehandlungen von hohem Blutdruck beschränkt. Größer ist seine Bedeutung für die Veterinärmedizin, in der er zur Verdauungsregelung und äußerlich gegen lästige Parasiten dient. Aus dem Wurzelstock werden die Alkaloide industriell gewonnen.

Wirksame Substanz:
Protoveratrin A und B,
Germerin, Germitrin (Alkaloide)
Giftige Teile: alle Organe, besonders der Wurzelstock
Heilwirkung: bei hohem Blutdruck
Herkunft: Eurosibirien
Gefährlichkeit: †

3

2
1

Kleines Immergrün

Vinca minor L.

Das Kleine Immergrün *(V. minor)* (Abb. 1) stammt aus Südeuropa. Nach Mitteleuropa wurde die Pflanze schon sehr früh eingeschleppt, inzwischen ist sie in ganz Europa verbreitet. Sie wächst zerstreut in Mischwäldern. Die Pflanze wird gerne in Gärten gepflanzt, da sie Schatten verträgt und als Bodendecker genutzt werden kann. Diese immergrüne, ausdauernde Art hat lange, niederliegende bis aufsteigende, aber nichtblühende Sprossen. Diese wurzeln leicht und so pflanzt sich das Kleine Immergrün vegetativ fort. Die blütentragenden Stengel sind sehr kurz. Die Blätter stehen gegenständig, sie sind lederartig und glänzend dunkelgrün. Die Blütezeit liegt von März bis Mai. Die fünfzähligen Einzelblüten sind 3 cm groß und hell- bis veilchenblau gefärbt. Die Frucht besteht aus zwei unterseits verwachsenen Bälgen (Abb. 2). In jedem Balg (Abb. 3) sitzen 3 bis 5 relativ große Samenkörner (Abb. 4). Das Kleine Immergrün enthält zahlreiche Indol-Alkaloide, vor allem Vincamin, die in therapeutischen Dosen als Heilmittel, in größeren als Gifte wirken. Da dies eine neuere Entdeckung ist, sucht man in klassischen toxikologischen Fachbüchern vergeblich nach dieser Art. Vergiftungen können bei Überdosierung oder Verwechslung von Medikamenten auftreten. Dabei sinkt der Blutdruck sehr rasch und verursacht Kreislaufstörungen. Bei Tieren sind keine tödlichen Vergiftungen bekannt, doch sind Vergiftungen bei Mauleseln und Schafen beschrieben, die das südeuropäische Große Immergrün *(V. major)* gefressen hatten; sie äußerten sich in Mattigkeit und Verdauungsstörungen. Die Immergrün-Alkaloide werden zur Senkung des Blutdrucks und bei Spezialbehandlungen von Gehirnschäden verwendet. Von weit größerer Bedeutung sind die Alkaloide Vincaleucoblastin und Leucocristin, die aus der verwandten, aus Madagaskar stammenden, heute auf der ganzen Welt verbreiteten Art *Catharanthus roseus* (auch *Vinca rosea*) gewonnen werden. Sie sind wichtige Heilmittel bei der Krebsbehandlung.

2 3 1

Wirksame Substanz:
Vincamin u. a. Indol-Alkaloide
Giftige Teile: alle Organe
Heilwirkung: zur Senkung des Blutdrucks und bei Gehirnschäden
Herkunft: Südeuropa
Gefährlichkeit: X

Weiße Schwalbenwurz Schwalbenwurzgewächse
Vincetoxicum hirundinaria Medik. *Asclepiadaceae*

Die wärmeliebende Weiße Schwalbenwurz *(V. hirundinaria)* (Abb. 1) hat — mit Ausnahme des hohen Nordens — ein eurasisches Verbreitungsgebiet, das bis Nordafrika, in Asien bis zum Altaigebirge und Himalaya reicht. Sie wächst zerstreut in Trockenwäldern und trockenen Gebüschen, meist auf kalkhaltigen Böden. Die Weiße Schwalbenwurz wird über 1 m hoch, manchmal hat sie einen windenden Stengel. Der Wurzelstock ist knollig, die Blätter stehen in Wirteln, sie sind gegenständig. In der Form varrieren sie sehr stark. Blütezeit ist von Mai bis August. Die grünlichweiß oder gelblichweiß gefärbten Blüten sind fünfzählig und glockig (Abb. 2). Sie bilden achselständige, langgestielte Trugdolden. Die Doppelbalgfrüchte sind unterseits abgerundet, oberseits zugespitzt und 5 bis 7 cm lang (Abb. 3). Die Samen sind flach und eiförmig. Die Weiße Schwalbenwurz enthält das giftige Glykosid Vincetoxin (= Cynanchin) mit einem aus Oleandrose, Thevetose und Glukose gebildeten Zucker. Die Eigenschaften des aus zahlreichen nahe verwandten Verbindungen bestehenden Vincetoxins ähneln denen der Saponine. Vergiftungen äußern sich in Erbrechen und Durchfall. Wegen dieser Wirkungen schätzte man die Pflanze früher als Mittel zur „Austreibung der Körpergifte“. Daher auch der lateinische Gattungsname *Vincetoxicum,* „Giftbesieger“. Bei größeren Gaben tritt jedoch Lähmung des Atmungszentrums ein. Lähmungen treten auch bei Tieren auf, chronische Vergiftungen führen zu Entzündungen der Nieren und Harnwege. Die amerikanische Fachliteratur bringt zahlreiche Fälle von Vergiftungen bei Haustieren durch die in den USA heimisch gewordene Weiße Schwalbenwurz und nahe verwandte, dort ursprüngliche Arten der Gattung *Asclepias* (Seidenpflanze), die herzwirksame Cardenolide und mitunter auch Vincetoxin enthalten. Manche verwandte afrikanische Arten der Gattung *Cynanchum* (Schwalbenwurz) verursachen schwere Vergiftungen bei Pferden, Rindern und Schafen, die sich u. ä. in Gliederlähmung äußern.

Wirksame Substanz:
Vincetoxin (Glykosid)
Giftige Teile: alle Organe
Heilwirkung: –
Herkunft: Eurasien
Gefährlichkeit: X

2
3
1

Laubholz- oder **Weiße Mistel** *Viscum album* L.

Mistelgewächse *Loranthaceae*

Zur Gattung *Viscum* zählen etwa 70 Halbschmarotzerarten, die vorwiegend im tropischen und subtropischen Afrika und nur mit wenigen Arten in Asien, Nordaustralien und Europa vertreten sind. Die in Europa und Asien verbreitete Laubholz-Mistel *(V. album)* (Abb. 1) wächst als Halbparasit vor allem auf Laubbäumen, gelegentlich auch auf Tannen und Föhren. Im Schrifttum werden die Misteln oft auch je nach der Wirtspflanze als selbständige Taxa unterschieden, so in *V. album,* eine auf Laubbäumen schmarotzende Art, und in die Nadelholz-Mistel *(V. laxum).* Die Laubholz-Mistel, ein immergrüner Halbschmarotzer, wächst in den Kronen der Laub- oder Nadelbäume. Der Mistelsamen sendet Würzelchen aus (Abb. 2), mit denen sich die Pflanze im Holz festhält. Mit Hilfe der Haustorien dringt sie in die innersten Holzschichten des Wirtsbaumes ein und entnimmt ihnen anorganische Salzlösungen. Der jährliche Zuwachs der Laubholz-Mistel ist gering, die kugelförmigen Zweig- und Blättergebilde in den Baumkronen haben etwa 1 m Durchmesser. Die Stiele sind unten holzig, verästeln sich scheinbar gabelig nach oben. Die Zweige sind zart und gelbgrün gefärbt. Die dicken, lederigen und ganzrandigen Blätter sind etwa 4 cm lang. Die Mistel blüht im März. Von den blattachselständigen Blüten sind die männlichen (Abb. 3) größer als die weiblichen (Abb. 4). Die Frucht, eine runde, unechte Beere, ist weiß und hat eine klebrige Fruchthülle. Im Blatt und im Preßsaft der Pflanzen findet sich Viscotoxin, das sich aus 46 Aminosäuren zusammensetzt. Weiterhin kommen noch Lecithine vor.

Letztere bewirken ein Agglutinieren der roten Blutkörperchen und haben negativen Einfluß auf das Blutbild. Vor einer häuslichen Behandlung mit Misteltee gegen hohen Blutdruck und Sklerose ist zu warnen. Er kann schwer gesundheitsschädigend sein und Blutarmut und entsprechende Störungen des Metabolismus verursachen. Bei Tieren sind wegen der Unzugänglichkeit der Mistel keine Vergiftungen möglich. Vögel verzehren die Mistelbeeren ohne Folgen. Die Heilkunde verwendet die Mistel einerseits als Bestandteil von Medikamenten bei zu hohem Blutdruck, andererseits als Zytostatika. Der europäische Brauch der Weihnachtsmistel als Glücksbringer geht auf eine alte Tradition zurück.

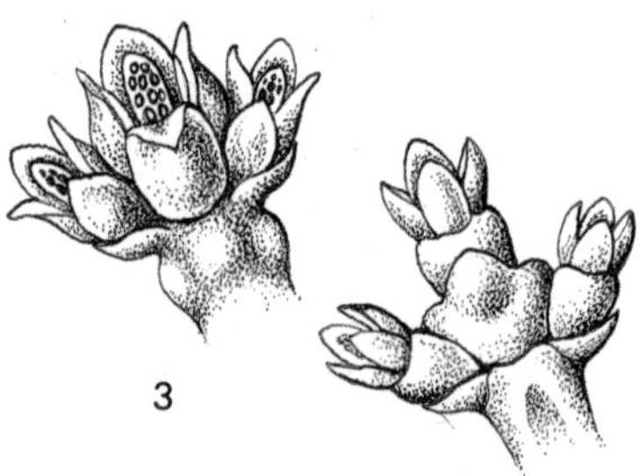

3

4

Wirksame Substanz: Viscotoxin (Protein)
Giftige Teile: Blatt und Preßsaft
Heilwirkung: bei zu hohem Blutdruck, experimentell bei Tumoren
Herkunft: Eurasien
Gefährlichkeit: X

1
2

Register der deutschen Namen

Register der lateinischen Namen